都会の草木の実図鑑

石井桃子著

八坂書房

はじめに

都市に生活していても、庭先や道端、公園、街路など、さまざまな場所で緑を見ることができます。また、スーパーマーケットにも多種多様な野菜や果物が並んでいます。しかし、名前をあげることができる植物はいくつあるでしょうか。どんな果実ができるのか、また果実になる前にどんな色の花が咲いていたのか、考えたことはありますか。都会に住むわたしたちはあまりにも忙しく、植物たちの姿を断片的にしか見ることができないのが事実です。

どんな植物の種《たね》も必ず、子孫を残し、繁栄する目的で作られます。しかし、まったく同じ目的を持っている種《たね》たちが、さまざまな散布様式を取るのは興味深いことではないでしょうか。種《たね》の散布方法は、いくつかに分けることができますが、たとえば、風散布ひとつとっても、翼によって舞い降りるもの、綿毛によって飛び立つもの、風に吹かれて地上を転がるものと、種《たね》たちはじつに千差万別のやり方で風を利用します。そしてさらに、翼つきの種《たね》でも、同じ形のものはひとつとしてありません。鳥散布にしても水散布にしても、その方法は決して一様ではなく、それぞれ工夫をし、上手に子孫を残しています。

この図鑑の執筆にあたって、多くの種《たね》について改めて調べ、考え直したことは、見識を広げるよい機会となりました。植物の生長と繁栄をめぐる完璧なサイクルや、種《たね》と鳥などほかの動物との絶妙な協力関係は、何度見てもすばらしいものです。私が種《たね》の観察を始めた頃は、それぞれ個別に焦点を当てていました。

しかし、種《たね》のひとつひとつの繁栄が広大な森を安定させ、その森が地球の生態系を支えていることを考えると…徐々にそれを取り巻く大きな流れであるシステムに気づき、畏怖の念を覚えるほどになりました。

このシリーズの図鑑は「身近な自然をじっくりみつめる」ことを目的に編集されました。

『都会の木の実・草の実図鑑』では、都会で目にすることのできる約200種の果実や種《たね》を、写真や挿絵、解説で紹介しています。身近に見かける種《たね》はただそのような形をしているのではなく、必ずそれ相応の目的があります。夢中になって観察した種《たね》の知恵や意図、さまざまな構造や生態を解説しながら、おもしろい逸話や出来事なども交え、読み物としても十分楽しめる図鑑になるように心がけたつもりです。

果実や種《たね》には、どれもこれも、じつに見事なデザインやプログラミングが施されています。しかも、これほど多種多様であるのに、その点で失敗している植物はありません。すべての種《たね》が異なっていながら、それぞれ独特の何かを学び取れるのは、驚嘆すべきことです。都会の植物も、種《たね》を結ぶという営みを、確実に続けています。この図鑑を手にしてくださった皆様にとって、本書が、都会の植物を入り口として、植物全体、ひいては自然界全体のサイクルに目を留めるきっかけともなりますよう、ぜひとも願います。身近な植物の人知れぬ努力や創意工夫を垣間見ることで、植物たちの生きた声が聞こえてくるような…皆様にとってそんな経験になれれば幸いです。

二〇〇六年初秋

著者

目次

・ここでは本巻に見出しとして掲げた植物名を、収録順に、科ごとにまとめて示した。
・別名や古名、解説文中に出てくる植物名などを含めた総索引は巻末を参照されたい。

モクレン科
コブシ 10
モクレン属の花と果実 11
カラタネオガタマ 12
ユリノキ 13
ロウバイ科
ロウバイ 14
クスノキ科
クスノキ 15
タブノキ 16
センリョウ科
センリョウ 17
マツブサ科
サネカズラ 18
ハス科
ハス 19
キンポウゲ科
クレマチス 20
センニンソウ 21
クロタネソウ 22
キンポウゲ科の花と果実 23
メギ科
ナンテン 24
ヒイラギナンテン 25
アケビ科
アケビ 26
ムベ 26
ツヅラフジ科
アオツヅラフジ 27
ケシ科
ムラサキケマン 28
クサノオウ 29
ナガミヒナゲシ 30
ケシ属の花と果実 31
タケニグサ 32
スズカケノキ科
モミジバスズカケノキ 33
マンサク科
アメリカフウ 34
ニレ科
アキニレ 35
ハルニレ 35
ケヤキ 36
ムクノキ 37
クワ科
クワ 38
ヤマグワ 38
イチジク 39
イヌビワ 39
カナムグラ 40
カラハナソウ 41
セイヨウカラハナソウ 41
クルミ科
オニグルミ 42
ヤマモモ科
ヤマモモ 43
ブナ科
クリ 44
ドングリの仲間1 45
ドングリの仲間2 46・47
ウバメガシ 48
クヌギ 49
カシワ 50
コナラ 51
シラカシ 52
アラカシ 53
シイ（スダジイ） 54
マテバシイ 55
カバノキ科
イヌシデ 56
クマシデ属の葉と果実 57
ハンノキ 58
ヤシャブシ 59
ヤマゴボウ科
ヨウシュヤマゴボウ 59
オシロイバナ科

オシロイバナ 60
ブーゲンビレア 61
◆気になる木になるタネの話 62

ヒユ科
ヒナタイノコズチ 63

スベリヒユ科
スベリヒユ 64
マツバボタン 65
ハゼラン 66

タデ科
ギシギシ 67
ミズヒキ 68
イシミカワ 69
イタドリ 70
ツルドクダミ 70
ソバ 71

ツバキ科
ヤブツバキ 72
ツバキ科の花と果実 73
ボタン科の花と果実 74

マタタビ科
キーウィ 75

シナノキ科
ボダイジュ 76

アオギリ科
アオギリ 77

アオイ科
ゼニアオイ 78
フヨウ 79
オクラ 80
トロロアオイ 80
ワタ 81

イイギリ科
イイギリ 82
◆アリのごちそう 83

トケイソウ科
トケイソウ 84

ウリ科
アレチウリ 85
カラスウリ 86
キカラスウリ 86
ツルレイシ 87
ヒョウタン 88
菜園で見られる
ウリ科の花と果実と種 89

シュウカイドウ科
四季咲きベゴニア 90

アブラナ科
ナズナ 91
マメグンバイナズナ 91
ショカツサイ 92

カキノキ科
カキ 93

ヤブコウジ科
マンリョウ 94

エゴノキ科
エゴノキ 95
ハクウンボク 95

トベラ科
トベラ 96

スグリ科
セイヨウスグリ 97
フサスグリ 97

バラ科
◆命をつなぐ知恵
バラ科の果実 98
オオシマザクラ 99
モモ 100
ウメ 101
アンズ 102
イチゴ 103
バラ科の花と果実 104・105
ナナカマド 106
ビワ 107
シャリンバイ 108
バラ科の花と果実 109

マメ科
サイカチ 110
ヤブマメ 111
ラッカセイ 111
ヌスビトハギ 112
クズ 113
エンジュ 114
ハリエンジュ 115
フジ 116
ウマゴヤシ 117
カラスノエンドウ 118
ネムノキと
ハナズオウの花と果実 119

グミ科
ナツグミ 120

ミソハギ科
サルスベリ 121

フトモモ科

ユーカリ　122
マキバブラッシノキ　123
ザクロ科
ザクロ　124
アカバナ科
メマツヨイグサ　125
ミズキ科
ヤマボウシ　126
ハナミズキ　126
アオキ　127
ヤドリギ科
ヒノキバヤドリギ　128
ニシキギ科
ニシキギ　129
ニシキギ属の花と果実　130
ツルウメモドキ　131
モチノキ属の花と果実　132・133
トウダイグサ科
アカメガシワ　134
ナンキンハゼ　135
コミカンソウ　136
クロウメモドキ科
ケンポナシ　137
ナツメ　138
ブドウ科
ノブドウ　139
ヤブガラシ　140
ブドウ科の花と果実　141
ムクロジ科
フウセンカズラ　142
モクゲンジ　143
ムクロジ　144
トチノキ科
トチノキ　145
カエデ科
イロハカエデ　146
カエデ属の葉と果実　147
ウルシ科
スモークツリー　148
ヌルデ　149
ハゼノキ　150
ニガキ科
シンジュ　151
センダン科
センダン　152
ミカン科
サンショウ　153
ナツミカン　154
ミカンの仲間の果実　155
カタバミ科
カタバミ　156
フウロソウ科
ゼラニウム　157
アメリカフウロ　158
ゲンノショウコ　158
ツリフネソウ科
インパチエンス　159
ホウセンカ　159
ウコギ科
カクレミノ　160
ヤツデ　161
キョウチクトウ科
キョウチクトウ　162
テイカカズラ　163
ガガイモ科
トウワタ　164
フウセントウワタ　165
ガガイモ　166
ウリ科
ワルナスビ　167
ホオズキ　168
ナス科の花と果実　169
ヨウシュチョウセンアサガオ　170
菜園で見られるナス科の花と果実　171
ヒルガオ科
ハマヒルガオ　172
ヒルガオの仲間の花と果実　173
クマツヅラ科
ムラサキシキブ　174
クサギ　175
シソ科
ヒメオドリコソウ　176
ホトケノザ　176
オオバコ科
オオバコ　177
モクセイ科
オリーブ　178
ネズミモチ　179
トウネズミモチ　179
ゴマノハグサ科
オオイヌノフグリ　180

キリ　181
ノウゼンカズラ科
キササゲ　182
ノウゼンカズラ　183
アカネ科
クチナシ　184
コーヒーノキ　185
ヘクソカズラ　186
スイカズラ科
ニワトコ　187
サンゴジュ　188
アベリア　189
キク科
オオブタクサ　190
アメリカセンダングサ　191
ヒマワリ　192
オオオナモミ　193
セイタカアワダチソウ　194
アーティチョーク　195
キツネアザミ　196
ヤブタビラコ　197
オニノゲシ　198
ノゲシ　198
セイヨウタンポポ　199
サトイモ科
ウラシマソウ　200
マムシグサの仲間の花と果実　201
ツユクサ科
ヤブミョウガ　202
イネ科
コバンソウ　203
カラスムギ　204
パンパスグラス　205
チカラシバ　206
エノコログサ　207
ススキ　208
オギ　208
チヂミザサ　209
ジュズダマ　210
ハトムギ　210
ガマ科
ガマ　211
バショウ科
バナナ　212
ユリ科
ジャノヒゲ　213
ヤマユリ　214
ユリ科の花と果実　215
チューリップ　216
オモト　217
ヒガンバナ科
ハマオモト　218
ヒガンバナ科と
アヤメ科の花と果実　219
ヤマノイモ科
ヤマノイモ　220
ラン科の花と果実　221
ヤシ科
シュロ　222
ソテツ科
ソテツ　223
イチョウ科
イチョウ　224
マツ科
クロマツ　225
アカマツ　225
ヒマラヤスギ　226
スギ科
スギ　227
アケボノスギ　228
ヒノキ科
ヒノキ　229
ヒノキの仲間の葉と球果　230
マキ科
イヌマキ　231
イチイ科
イチイ　232
参考図書　233
索引

写真協力（五十音順）
秋山久美子
石井誠治
高橋秀男
高野史郎
亘理俊次
八坂書房

都会の
木の実草の実図鑑

コブシ　落葉高木。高さ15m径50㎝ほど。葉は互生、長さ6-15㎝幅3-6㎝。花は径7-10㎝。果実は長さ7-10㎝。写真：右上＝花時、右下＝若い果実、左上＝裂開した果実、左下＝種

コブシ

辛夷・拳／別名ヤマアララギ（山蘭）・コブシハジカミ
モクレン科
Magnoria praecocissima

サクラより先に春を告げる木といわれ、コブシが咲くと田植えを始める地方もある。果実は集合果で、その様子が握り拳《こぶし》に似るので、この名がつけられたという。コブシの仲間は、秋、果実が熟すると、裂開して中から赤い種《たね》をぶら下げる。この糸はねばり、徐々に長くなって、まるで鳥たちに「食べて〜」とアピールしているかのようだ。じっくり眺めていると、母親とへその緒でつながれた胎児のようにも見え、私たち人間もお腹の中ではこんなふうに栄養をもらっていたのかと思わせる。コブシの赤い肉質の種皮を取り除くと、ハート型の黒く艶々した種《たね》が現れる。

◇**分布**　北海道〜九州、朝鮮
◇**よく見る場所**　公園・庭園・街路樹
◇**花の時期**　4月頃、香りがある
◇**果実の時期**　9〜10月、褐色に熟す

モクレン属の花と果実

ホオノキ　落葉高木。高さ30m径1mほど。葉は互生、長さ20-40㎝幅10-25㎝。花は径15㎝ほど。果実は長さ10-15㎝。写真：右上＝若い果実、左上＝花時

タイサンボク　常緑高木。高さ20mほど。葉は互生、長さ10-23㎝幅4-10㎝。花は径15-25㎝。果実は長さ8-12㎝。写真：右中＝花時、右下＝果実からぶら下がる種、左下＝裂開した果実

カラタネオガタマ　常緑低木。高さ3-5m。葉は互生、長さ7-10㎝幅3-4㎝。花は径2-2.5㎝。果実は長さ2-3.5㎝。写真：右上＝花時、右下＝種、左上＝若い果実、左下＝裂開した果実

カラタネオガタマ

唐種小賀玉／別名トウオガタマ（唐小賀玉）
モクレン科
Michelia figo

この木の名前が覚えられずにいた頃、友人が「枯れたね！オバチャマ」という覚え方のコツを教えてくれた。5月、わが家の庭ではこの花が咲き誇り、バナナのような甘い香りを漂わせる。昔の中国女性は、チャイナドレスの懐に毎朝一輪この花をしのばせ、香水代わりにしたという。おしゃれな女性のひそやかな楽しみだったのだろう。ある年、皇居の東御苑で、大きなオガタマの木がたくさんの実をつけていたのを見た。しかし、わが家のカラタネオガタマはあまり実をつけず、毎年5、6個といったところ。カラタネの名は「空種」から来ているのだろうか。

◇**由来**　中国原産
◇**よく見る場所**　公園・庭園・庭
◇**花の時期**　4～6月、強いバナナ様の香りがある
◇**果実の時期**　10～11月、赤褐色に熟す

ユリノキ　落葉高木。高さ20mほど、ときに40m以上。葉は互生、長さ10-15㎝。花は径5-6㎝。果実は長さ6-8㎝ほど。写真：右上＝若い果実、右下＝果実と種、左＝花時

ユリノキ

百合の木／別名ハンテンボク（半纏木）・チューリップツリー

モクレン科

Liriodendron tulipifera

北アメリカ東南部〜中部原産。生長が速く材が軽いので、自生地のネイティブ・アメリカンはこの材でカヌーを作り、棺桶《かんおけ》にも用いたという。新宿御苑の真ん中に高さ15m以上あろうかという立派なユリノキがある。すっかり葉も落ち、枝に果実だけが取り残される頃、ユリノキならではの飛び方で、種《たね》があちらこちらへ風散布される様子を観察できる。普通、翼つきの種《たね》はヘリコプターのプロペラのように回転しながら飛ぶのだが、ユリノキの種《たね》はそこに自転が加わる。ほかにこんな回転をする種《たね》を見たことがなく独特なので、私は密かに「ユリノキ回転」と呼んでいる。

◇**由来**　北アメリカ東南部〜中部原産

◇**よく見る場所**　公園・街路

◇**花の時期**　5〜6月、香りがある

◇**果実の時期**　10〜11月、褐色に熟す

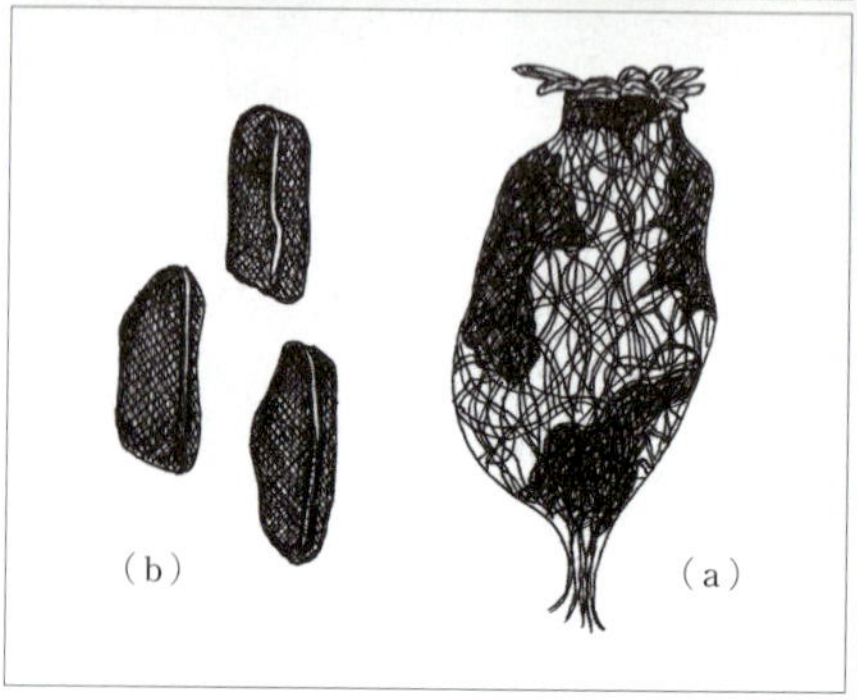

ロウバイ　落葉低木。高さ2-4m径3-6㎝ほど。葉は対生、長さ10-20㎝。花は径2㎝ほど。果実は長さ3.5㎝ほど。写真：右＝ソシンロウバイの花時、左上＝果実、左下＝果実（a）と種（b）

ロウバイ

蠟梅／別名カラウメ（唐梅）
ロウバイ科
Chimonanthus praecox

なんともユニークな果実ができる。種《たね》はゴキブリの卵塊そっくりだ。花は蠟細工のようで美しく、香りもよい。果実は熟すると表面が木質化し、中に種《たね》が5～20個入る。風雨にさらされ、日を経るうちに表皮が剥がれてネット状の入れ物となり、中の種《たね》が見えるようになる。長期間果実を観察してみたが、鳥は食べない。ただネット状になった下向きの入れ物から種《たね》がばらまかれるだけだ。空になった入れ物はまるで「スカシダワラ」と呼ばれるクスサン（ヤママユガ科）の繭《まゆ》ネットのようだ。果実はガの繭、種《たね》はゴキブリの卵塊というこの取り合わせは、じつに奇妙である。

◇**由来**　中国中部原産
◇**よく見る場所**　庭園・庭
◇**花の時期**　12～2月、香りがある
◇**果実の時期**　9月頃、茶色く熟す

クスノキ　常緑高木。高さ20m径2mほど。葉は互生、長さ5-12㎝幅3-6㎝。花は小さく花弁の長さ1.5㎜ほど。果実は径8㎜ほど。写真：右上＝花時、右下＝若い果実、左＝巨木の幹

クスノキ

樟・楠／別名クス
クスノキ科
Cinnamomum camphora

「糞《ふん》コロジー（糞に含まれる種《たね》の調査）」をしている人によると、鳥は冬の間、脂肪分が多い果実から順に食べるのだという。興味深いことに、毎年クスノキがいちばん早く食べられ、次いでトウネズミモチ、ナンキンハゼ、最後にクロガネモチと、おおよその順番が決まっている。厳しい冬を乗り越えるため、脂肪分の多いクスノキを真っ先に食べる。果肉に包まれた種《たね》は鳥が食べて排泄したほうが発芽率があがるので、果肉が発芽を抑制していると考えられている。種苗屋さんは、採取したクスノキの黒い果肉をネットに入れて洗い落とし、種《たね》だけにしてから播くそうだ。

◇**分布**　本州～九州、中国南部
◇**よく見る場所**　公園・庭園・街路・校庭・神社
◇**花の時期**　5～6月頃
◇**果実の時期**　10～11月、黒紫色に熟す

タブノキ　常緑高木。高さ20m径1mほど。葉は互生、長さ8-15㎝幅3-7㎝。花は小さく花弁の長さ5-7㎜。果実は径1㎝ほど。写真：右＝果実時、左上＝花時、左下＝種

タブノキ

椨の木／別名イヌグス（犬樟）
クスノキ科
Machilus thunbergii

タブノキは、海岸林に多い。父は、海岸近くで埋もれているタブノキの根を掘り起こし、磨き上げてはよく置物を作っていた。木目が巻雲のような模様になっていて、趣のあるものだった。父に連れられてよく出かけた海岸には、地元で「潮玉《しおだま》」と呼ばれるタブノキの種《たね》が打ち上げられていた。表面の網目状の模様が、幼い目には恐竜の卵のように見え、たくさん集めて遊んでいた。タブノキは赤くなった軸に黒い果実がついているのが印象的で、子どもながら、遠目にもすぐにわかった。実はこの赤と黒のコントラストを「二色効果」といい、最も鳥の目を引く配色である。

◇**分布**　本州～九州、朝鮮南部
◇**よく見る場所**　街路
◇**花の時期**　4～5月
◇**果実の時期**　8～9月、黒紫色に熟す

センリョウ　常緑低木。高さ70-100㎝。葉は長さ6-15㎝幅2-6㎝。花序は長さ2-4㎝、花は小さく、まばらにたくさんつく。果実は径5-6㎜。写真：右＝キミノセンリョウ、左＝果実時

センリョウ

千両
センリョウ科
Sarcandra glabra

11月中旬頃、赤く光沢のある果実が多数枝先につく。赤い果実が美しいため、庭木・鉢植えのほか、正月用の生花として花屋の店先をにぎわす。最近はキミノセンリョウも出回るようになった。樹高は低いが立派な低木。センリョウのように冬に赤い果実をつけるものは少なく、庭先にあってもよく目立つ。樹木では、高木よりも低木のほうが赤い果実をつける割合が多く、背が低い分だけ鳥の目を引きつける必要があるためと考えられている。草ではさらに赤い果実の割合が増すという。センリョウは果実が葉の上に飛び出すように、マンリョウはぶら下がるように実る。

◇**分布**　本州（関東南部・紀伊半島）・四国・九州、朝鮮南部～マレーシア・インド
◇**よく見る場所**　庭園・庭
◇**花の時期**　6～7月
◇**果実の時期**　11月頃、赤く熟す

サネカズラ　常緑つる性木本。径2㎝ほど。葉は互生、長さ5-13㎝、幅2.5-6㎝。雌雄別株。花は径約1.5㎝。果実は径3-4㎝。写真：右＝果実、左上＝雄花、左下＝雌花

サネカズラ

真葛・実葛／別名サナカズラ・ビナンカズラ
マツブサ科
Kadsura japonica

サネカズラには、「実が美しいつる性植物（葛《かずら》）」という意味があるらしい。種《たね》から油を採り、男性の整髪剤を作ったことから、「美《び》男葛《なんかずら》」の別名もある。とは言っても、女性も鬢《びん》つけ油として用いた。庭園のアーチに絡ませてあるのを見たこともある。果実は丸い液果が集まって３～４㎝の集合果となり、秋に赤く熟す。和菓子の「鹿の子」を連想させるこの果実は、艶やかでかつ果柄が長いため、風に揺れ、鳥にとっては魅力的だろう。一個の液果の中には、２～５個の腎臓形の種《たね》が入る。種《たね》の表面も釉薬《うわぐすり》をかけた陶器のように、艶やかである。

◇**分布**　本州（関東以西）～沖縄、朝鮮・台湾・中国
◇**よく見る場所**　庭園・庭
◇**花の時期**　８月頃
◇**果実の時期**　11月頃、赤色に熟す

ハス　多年草。葉は長い柄があり、径30-50㎝。花は径12-20㎝。写真：右上＝若い果実時、右下＝種の入った果托、左＝花時

ハス

蓮／別名ハチス・レンゲ・ツマナシグサ
ハス科
Nelumbo nucifera

種《たね》の入れ物が蜂の巣に似ているため、古くはハチスと呼ばれ、後にハスになったという。未熟なうちは緑色で、やがて暗黒色になる。長さ1㎝ほどの大きめな種《たね》ができるが、完全に熟しきるまで、入れ物の口が開かない。まるで、子どもが一人前になるまでは一人暮らしを反対する親のようだ。種皮は堅く、1000年以上も発芽力を失わない。「大賀ハス」は約2000年前の地層から出土した種《たね》を開花させたものという。このように「埋土種子」となっても、なにかの拍子に発芽条件がそろえばいつでも目ざめる、タイムカプセルのような種《たね》の生命力には本当に驚かされる。

◇**由来**　オーストラリア～アジア南部・南東部、ヨーロッパ南東部原産
◇**よく見る場所**　池・水田・沼・城のお濠
◇**花・果実の時期**　7～8月

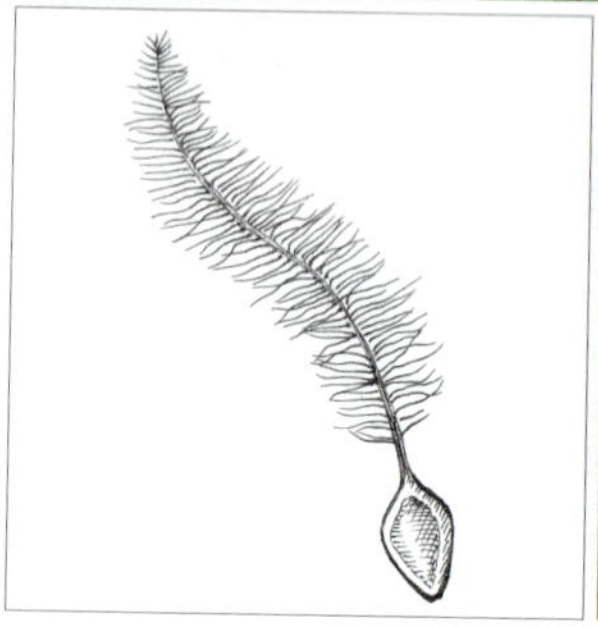

クレマチス　つる性の多年草または木本。つるは木質化し長さ2-3m。葉は対生、長い柄がある。花は径10-15cm。果実は長さ3-4mm。写真：上＝カザグルマの花時、右下＝クレマチスの園芸品種、左下＝種

クレマチス

Clematis
キンポウゲ科
Clematis

中国原産のテッセンや、日本にも自生するカザグルマ（絶滅危惧種）などから作り出された園芸種を総称して、クレマチスと呼んでいる。テッセン（鉄線）という名は、冬、花も葉も落ちてしまった茎だけの姿が細い針金のように見えるので、名づけられたという。種《たね》は薄くて平べったく、花が咲き終わると花柱が伸びて、綿毛のような白い毛をつける。種《たね》が集まっている姿は台風の渦巻雲のようだ。種《たね》の落下実験をしたら、綿毛を取って種《たね》だけにしたものと綿毛をもったものとでは滞空時間にかなりの差が出た。地上に落下するまでに時間がかかればかかるほど、風によって運ばれる距離も伸びることになる。

◇**由来**　交配によりつくられた園芸種
◇**よく見る場所**　庭園・庭・鉢植え
◇**花・果実の時期**　5～10月

センニンソウ　落葉つる性半低木。葉は対生、小葉は多くは5個。花は径2-3㎝、萼片は4個。果実は長さ7-10㎜で、花柱は長さ2.5-3㎝。写真：右上＝若い果実時、右下＝果実、左＝花時

センニンソウ

仙人草
キンポウゲ科
Clematis terniflora

ある年、小石川植物園でツツジの植込みを覆い隠すように、一面にセンニンソウが咲き誇っていた。まるでレースのテーブルクロスを広げたような光景だった。小さい花なのに、たくさん集まるとこんなにも美しいものかと、しばらく立ちつくしていた。種《たね》の頃もきっと素晴らしいだろうと、秋、再び足を運んだ。レースのテーブルクロスが真っ白なムートンのラグマットに変化していた。さすがに、果実の綿毛が仙人の白髪や鬚にたとえられて名がついただけのことはある。花も果実も折り取りたくなるが、茎や葉にはかぶれを起こす有毒成分が含まれるので注意したい。

◇分布　北海道〜沖縄・小笠原、朝鮮・中国
◇よく見る場所　道端・林の縁
◇花の時期　8〜9月
◇果実の時期　秋、褐色に熟す

クロタネソウ　一～二年草。高さ60-80㎝ほど。葉は互生、糸状に細く切れ込む。花は径3-4㎝。果実は径3㎝ほど。写真：右＝花時、左上＝果実時、左下＝乾燥した果実と種

クロタネソウ

黒種草／別名ニゲラ
キンポウゲ科
Nigella damascena

別名をニゲラとも、フウセンポピーともいい、果実の形がおもしろいので、すっかり乾かしてドライフラワーにして飾る。花は白、ブルー、ピンクがあり、英名はLove in a mist（霧の中の恋）と、何ともロマンチックなのに対し、角の生えた果実の英名はDevil in a bush（薮の中の悪魔）。花が咲き終わった後に、膨らました紙風船のような入れ物の中に種《たね》をつくるのは、少しずつ種《たね》播きをしたい気持ちの表れだろうか。黒く熟した種《たね》をつぶすと、フルーツのような何ともよい香りがする。好暗性種子なので、暗いところで発芽が促進される。わが家の庭では、種《たね》播きもしないのに毎年どこかから必ず生えてくる。

◇**由来**　南ヨーロッパ原産
◇**よく見る場所**　庭・花壇
◇**花・果実の時期**　5～6月

キンポウゲ科の花と果実

オダマキ　多年草。茎は高さ40㎝ほど。葉は3出複葉。花弁は長さ1-1.5㎝。写真：右上＝花時、左上＝若い果実

レンゲショウマ　多年草。茎は高さ40-80㎝。葉は3出複葉。花は径3-3.5㎝。写真：右中＝果実、左中＝花

オキナグサ　多年草。花茎は高さ10㎝ほど。葉は3出複葉。果実は長さ0.3㎝ほど。写真：右下＝花時、左下＝果実時

ナンテン　常緑低木。高さ1-3m。葉は羽状複葉、小葉は長さ3-7cm幅1-2.5cm。花は径6-7mm。果実は径6-7mm。写真：右＝果実時、左上＝花時、左下＝乾燥した果実と種

ナンテン

南天／漢名南天竹・南天燭
メギ科
Nandina domestica

雪ウサギをつくったとき、ナンテンの葉を耳に、果実を目にして飾った。子ども心に「こんな冬でも鮮やかな赤い実が残っているのだ」と感じたものだ。ナンテンの果実は真っ赤に熟するが、乳白色のシロミノナンテンや薄紫色のフジナンテンなどの変種もある。ナンテンの名は「難転」から来ているといわれ、災いをほかに転ずる意味があるといって庭に植えられる。葉の色が変色することで、食品が腐っているかどうかのバロメーターになるといわれ、重箱につめた赤飯や魚の上に載せたりもする。果実を乾燥させたものを「南天実」といい鎮咳剤として用いる。

◇**分布**　西南日本の暖地、中国
◇**よく見る場所**　人家の庭・寺院
◇**花の時期**　5～6月
◇**果実の時期**　11～12月、赤色に熟す

ヒイラギナンテン　常緑低木。高さ1.5mほど。葉は羽状複葉、長さ30-40㎝、小葉は5-8対、長さ4-10㎝幅2.5-3.5㎝。果実は長さ8-9㎜径4-5㎜。写真：右＝花時、左＝果実時

ヒイラギナンテン

柊南天／別名トウナンテン（唐南天）

メギ科

Mahonia japonica

葉は皮質状で刺《とげ》があり、ヒイラギを思わせる。葉柄が傘の骨のように放射状に広がる。枝を折ってみると、材はキハダという樹木のように黄色い。ナンテンの名をもつが、果実は赤ではなく黒紫色。花は黄色で香りがよく、虫がやってくると雄しべが中心に向かって倒れ、虫の体に花粉をつけるための運動をすることで知られている。冬には葉が赤くなるが、落葉せずに翌春にはもとの色に戻る。これは葉の凍結を防ぐためだが、黒紫色の果実と赤い葉とのコントラストが鳥の目を引くことにもなる。花・葉・果実と共に目を楽しませてくれるため、好んで庭に植えられる。

◇**由来**　ヒマラヤ・中国・台湾

◇**よく見る場所**　公園・植込み・庭

◇**花の時期**　2～3月

◇**果実の時期**　6～7月、黒紫色に熟し白粉を被る

ムベ　常緑つる性木本。葉は互生、掌状複葉で小葉は5-7個。花は花弁がなく萼片は長さ3-2㎝。果実は長さ5-8㎝。写真：左上＝果実、左下＝花

アケビ　落葉つる性木本。葉は互生、掌状複葉で小葉は5個。雄花は径1-1.6㎝雌花は径2.5-3㎝。果実は長さ10-15㎝。写真：右上＝果実、右下＝花時

アケビとムベ

木通・通草、野木瓜／別名トキワアケビ
アケビ科
アケビ *Akebia quinata*　ムベ *Stauntonia hexaphylla*

宮城県の鳴子で見つけたテンの糞《ふん》は中にアケビの種《たね》が含まれていた。このことからアケビは、ほ乳類散布植物だとわかる。都会ではタヌキ、ニホンザル、クマなどのほ乳類がきわめて少ないので、種《たね》が広くまき散らされる可能性は低い。果実が裂開しないムベは、なおさらむずかしい。ではだれが散布してくれるのだろう。答えは、ヒト（人為散布）。アケビを食べたことがあればわかるだろうが、甘味を楽しんだ後、種《たね》はプッと吐き出す。さらにこの種《たね》には種枕《しゅちん》がついていて、アリたちがより遠くに運ぶため、アリ散布でもある。

◇分布　アケビ本州〜九州、朝鮮、中国
ムベ本州（関東南部）〜沖縄、朝鮮、中国、台湾
◇よく見る場所　公園・庭
◇花の時期　4〜5月
◇果実の時期　アケビ＝9〜10月、ムベ＝10〜11月

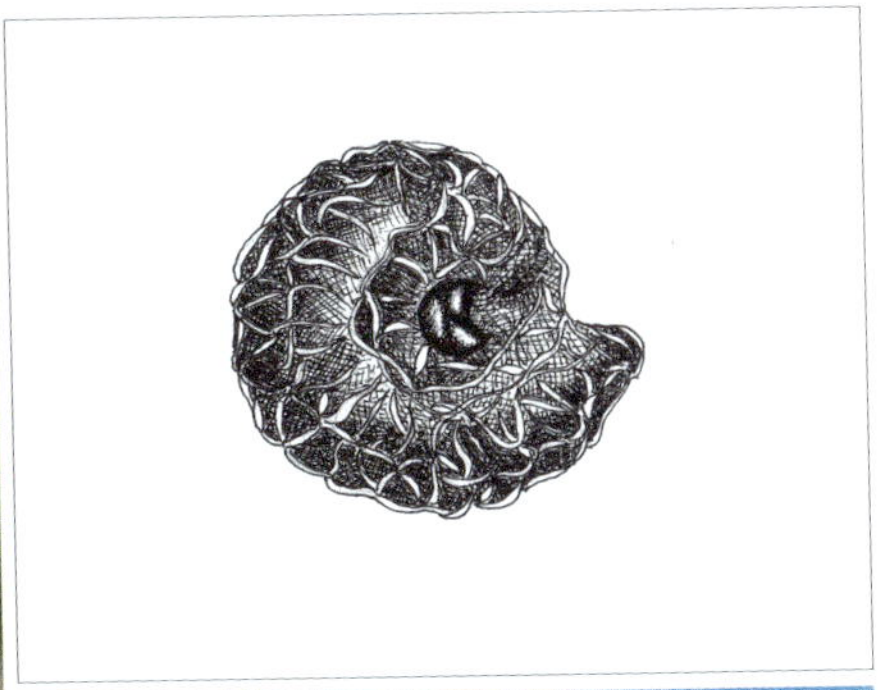

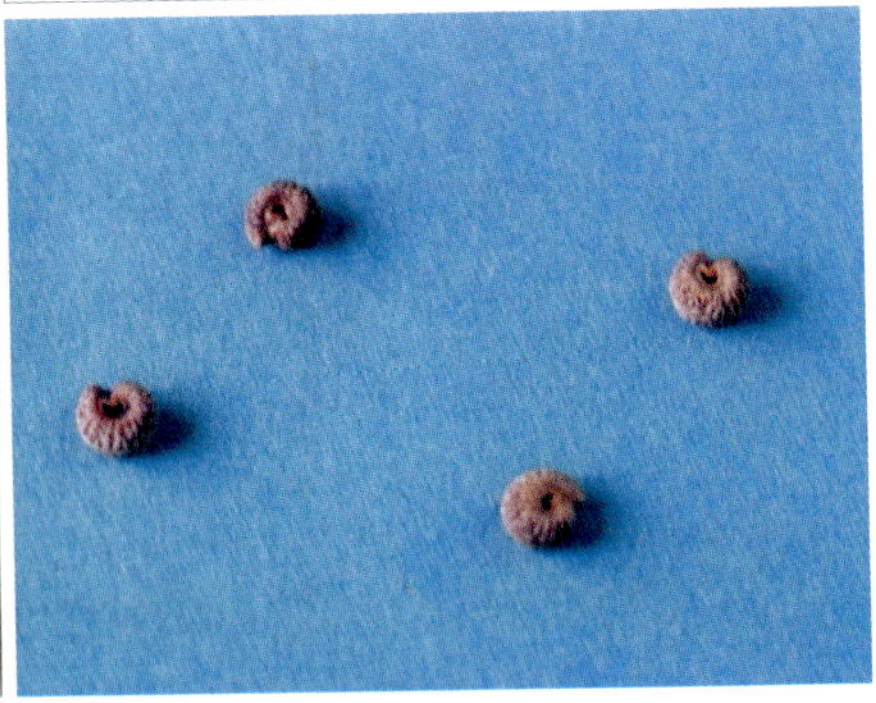

アオツヅラフジ　落葉つる性木本。葉は互生、長さ3-12㎝幅2-10㎝。雌雄別株。花はごく小さい。果実は径7㎜ほど。写真：右上・右下＝種、左＝果実時

アオツヅラフジ

青葛藤／別名カミエビ
ツヅラフジ科
Cocculus trilobus

川沿いのフェンスなどにたくさん絡んでいるのを見かけることがある。母がよく畑の作物殻をこのつるで束ねていたのを思い出す。秋になると、小ぶりのブドウのような白く粉をふいた果実をつける。その美しさもさることながら、是非紹介したいのは、中の種《たね》の形のおもしろさである。果肉を洗い流すとアンモナイトそっくりの種《たね》が出てくる。人によっては丸まった芋虫だとかカタツムリだという声もあるが、とにかく丸まっている何かに見えるらしい。「種子の写真図鑑」に出てくる種《たね》は、どれも色や形、柄もさまざまで、創造者のユーモアなのだろうかと考えてしまう。

◇分布　本州～沖縄、朝鮮・台湾・中国、フィリピン
◇よく見る場所　道端
◇花の時期　7～8月
◇果実の時期　秋、藍黒色に熟す

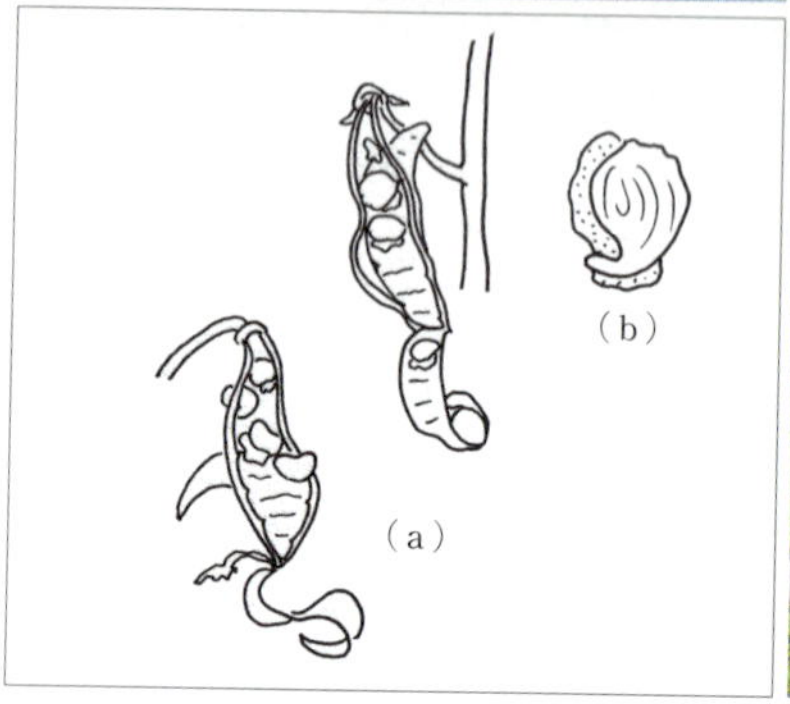

ムラサキケマン　二年草。茎は高さ20-50㎝。葉は3出複葉で細かく裂ける。花は長さ1.2-1.8㎝。果実は長さ1.5㎝。写真：右=花時、左上=花、左下=果実（a）と種（b）

ムラサキケマン

紫華鬘／別名ヤブケマン
ケシ科
Corydalis incisa

雑木林などの半日陰や、湿気の多い草地で群生しているのを見かける。葉がニンジンに似ているため、花をつける前の様子はまるでニンジン畑のように見える。ムラサキケマンの種《たね》は自動散布で、ホウセンカのように刺激によって果皮がはじけ、種《たね》をまき散らす。種《たね》にはアリの好物である種枕《しゅちん》がついているため、その後さらにアリによって運ばれ、二重散布という仕組みで分布を広げる。ムラサキケマンのような一～二年草は、一般的に多年草よりも優れた散布能力をもっていると考えられている。また、カタバミ科やスミレ科の植物にもこの仕組みが見られる。

◇**分布**　北海道～沖縄、台湾、中国
◇**よく見る場所**　公園・庭・草地・道端
◇**花・果実の時期**　4～6月

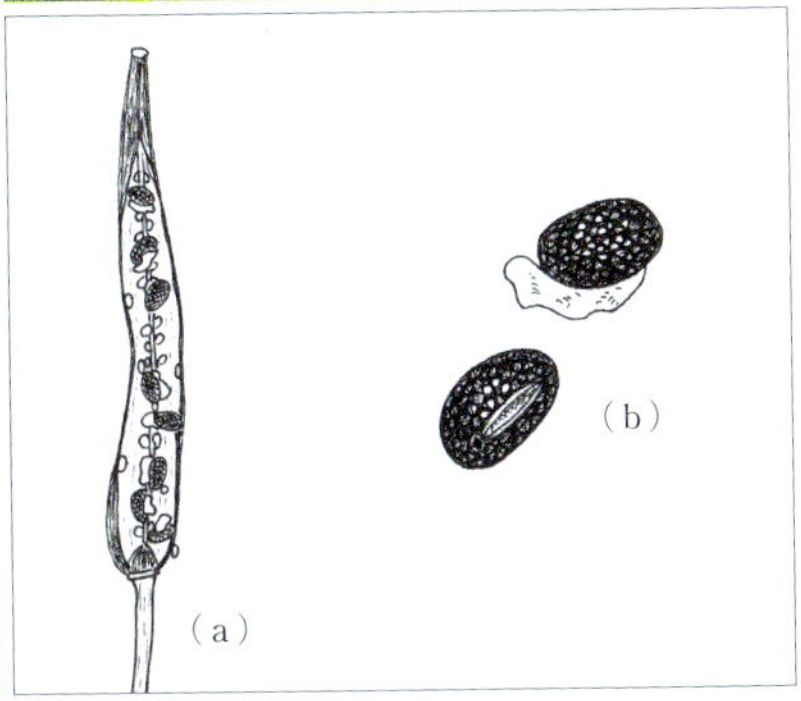

クサノオウ　二年草。茎は高さ30-40㎝。葉は長さ7-15㎝幅5-10㎝。花弁は長さ1-1.2㎝。果実は長さ3-4㎝。写真：右上＝若い果実、右下＝果実（a）と種（b）、種の下にあるのが種枕、左＝花時

クサノオウ

草黄・草王／別名タムシグサ
ケシ科
Chelidonium majus var. *asiaticum*

クサノオウの名は、汁液が皮膚病に効くため薬草の王様という意味から「草の王」とも、この草をちぎると黄色い乳液が出ることから「草の黄《おう》」という意味ともいう。棒状の果実が裂け、種《たね》がこぼれ落ちると、アリがこの種《たね》をせっせと巣に持ち帰る。種《たね》には脂肪やたんぱく質に富んだ白いゼリー状の種枕《しゅちん》と呼ばれるものがついていて、これをアリが好むためだ。アリは種枕の部分だけを食べ、種《たね》をまったく傷つけることなく巣の外に捨てる。クサノオウはそこで発芽することができる。親植物から離れたところに散布されること、土が栄養に富んでいるアリの巣の近くに運ばれることなどが、アリ散布の利点である。

◇**分布**　北海道～九州、東アジア
◇**よく見る場所**　草地・荒れ地・人家の周辺
◇**花・果実の時期**　5～9月

ナガミヒナゲシ　一～二年草。茎は高さ10-60㎝。葉は羽状に深く裂ける。花は径5㎝ほど。果実は長さ1.5㎝ほど。写真：右＝花時、左下＝乾燥した果実と種

ナガミヒナゲシ

長実雛罌粟
ケシ科
Papaver dubium

果実が長細いことからこの名がある。ケシの仲間の果実を見ていると、どうしても昔のトイレの排気口を思い出してしまう。どの図鑑にも、入れ物が揺らされ種《たね》がこぼれ落ちると記されている。ところが、この果実の一方の窓から息を吹き込むと、反対側の窓から種《たね》が飛び出してくるのだ。つまり、強風が吹き込むと、果実の中で縦方向の渦巻きが起こり、種《たね》が回っているうちに勢いよく飛び出すのではないか、というのが私の持論だ。食用のケシの種《たね》は金平糖の芯にも用いられる。あんパンについているのをよく見るが、大きさ0.4～0.7㎜と、とにかく小さく、「極微小」の形容にもよく用いられる。

◇**由来**　ヨーロッパ原産
◇**よく見る場所**　草地・荒れ地・人家の周辺
◇**花・果実の時期**　春～夏

ケシ属の花と果実

アイスランドポピー　多年草。葉は羽状に深く裂ける。花茎高さ30㎝、花は径6-10㎝。果実は長さ1.5㎝ほど。写真：左上＝花と若い果実の時

ヒナゲシ　一年草。茎は高さ50㎝ほど、まばらに枝分かれする。葉は羽状に裂ける。花は径5-7㎝。果実は長さ1.5㎝ほど。写真：右上＝花時

オニゲシ　多年草。茎は高さ1-1.5ｍ。葉は羽状に深く裂ける。花弁は長さ10㎝ほど。果実は長さ2㎝ほど。写真：右下＝乾燥した果実、左下＝花時

タケニグサ　多年草。茎は高さ1-2m。葉は互生、長さ20-40㎝幅15-30㎝。萼片は長さ1㎝ほど。果実は長さ2-3㎝幅0.5㎝。写真：右＝熟した果実、左上＝花時（花序の下部は若い果実になっている）

タケニグサ

竹似草／別名チャンパギク・オオカミグサ・ササヤキグサ

ケシ科

Macleaya cordata

茎は中空で、タケに似ているのでこの和名がついたという。葉には深い切れ込みがあり、裏面は白く、キクの葉を大きくしたような感じだ。高さ2m以上にもなる多年草で、荒地や植込みでよく見かける。秋、扁平な莢をもつ果実ができ、陽に透かしてみると、黒い種《たね》が左右交互に入っているのが見える。摘んできて空き箱に入れておいたところ、夜、パシッパシッとはじける音がした。種《たね》にはアリの好物であるゼリー状の白い付属物（種枕《しゅちん》）がついている。翌朝、試しに庭のアリの通り道にまいてみた。小さなアリは興味を示したが運ばず、黒く大きなアリだけが、心なしか嬉しそうに運んでいった。

◇**分布**　本州〜九州、台湾、中国

◇**よく見る場所**　日当たりのよい荒れ地・道端

◇**花・果実の時期**　7〜8月

モミジバスズカケノキ　落葉高木。高さ35m。葉は長さ10-18㎝幅12-22㎝。雌雄別株。雄花序は径1㎝ほど、雌花序は径1.5-1.7㎝。果実は長さ11㎜ほど。写真：右＝若い果実時、左＝果実時

モミジバスズカケノキ

紅葉鈴懸の木／別名カエデバスズカケノキ
スズカケノキ科
Platanus × acerifolia

新宿御苑の芝生で寝転んでいたら、モミジバスズカケノキの種《たね》が風に乗って次々届いた。スズカケノキの名は、長い花柄にまんまるい果実がぶら下がる様子を、山伏の袈裟についているボンボンの篠懸《すずかけ》に見立てて呼んだらしい。聖書にも登場する植物で、別名のプラタナスは、葉が広いことから、ギリシア語の「プラテュス（広い）」が語源になっている。樹皮が大きく剥がれる性質から、ヘブライ語では「アルモン（裸）」と呼ばれる。期が熟すと果実が次々崩れ始め、種《たね》についていた長い毛が、すぼめた傘を開くようにして広がり、風に乗って運ばれる。

◇**由来**　イギリスで作出されたとされる交配種
◇**よく見る場所**　公園・庭園・街路・校庭
◇**花の時期**　5月
◇**果実の時期**　秋〜冬、褐色の毛がある

アメリカフウ　落葉高木。高さ25-40m。葉は互生、長さ幅とも8-15㎝。雌雄同株。雄花序の長さは5-10㎝。果実は径3-4㎝。写真：右＝葉の形、左上＝フウの葉の形、左下＝アメリカフウの乾燥した果実

アメリカフウ

亜米利加楓／別名モミジバフウ（紅葉葉楓）
マンサク科
Liquidambar stylaciflua

私がもっとも好きな果実の一つ。紅葉も美しいが、茶色く乾いた果実の色から、アンバー（琥珀色）と呼ばれることもある。結実すると全面に穴が開き、多くの翼果《よくか》が四方八方に飛び出す。さらに、果柄は樹木側が曲がっていて、風にうまく揺らされる構造になっている。このような種《たね》の入れ物の構造や色やデザインは、本当によくできていて、すばらしい。子どもたちとは、空になったフウボックリの果柄を耳の穴に引っ掛けて、イヤリングにして遊ぶ。また、種《たね》を飛ばし終わって空っぽになったフウボックリが、金や銀で着色されて毎年末、花材として高価で出回る。

◇**由来**　北アメリカ東部〜中央アメリカ原産
◇**よく見る場所**　公園・街路・広場
◇**花の時期**　4〜5月
◇**果実の時期**　10〜11月、錆色に熟す

ハルニレ　落葉高木。高さ30m径100cmほど。葉は互生、長さ3-15cm幅2-8cm。花弁の長さ3mmほど。果実は長さ1.2-1.5cmほど。写真：左＝果実

アキニレ　落葉高木。高さ15m径約60cm。葉は互生、長さ2.5-5cm幅1-2cm。花弁の長さ約2.5mm。果実は長さ約1cm。写真：右上＝若い果実、右下＝果実

アキニレとハルニレ

秋楡／別名イシゲヤキ・カワラケヤキ、春楡／別名ニレ
ニレ科　アキニレ *Ulmus parvifolia*、
ハルニレ *U. davidiana* var. *japonica*

秋に花が咲くのがアキニレ、春に咲くのがハルニレ。種《たね》のまわりに翼《よく》がついていて、成熟して茶色く乾くと、風に飛ばされ散布される。子どもの頃は「ニレ銭」と呼び、ままごとのお金にした。私の財布はいつもこれでいっぱいだった。一般に、種《たね》の寿命には長短があるが、ニレの仲間の多くは種《たね》を十分に乾燥してから低温貯蔵すれば、かなり長期間保存できる。アメリカニレの種《たね》をマイナス4℃で保ち15年間活力を維持したという実験結果がある。ニレは「光発芽種子」なので、落下した種《たね》が林の縁や陽の当たる場所ではすぐに発芽し、暗い林の中では翌春まで発芽しない。

◇**分布**　本州（中部以西）～沖縄、朝鮮、中国、台湾
◇**よく見る場所**　公園・街路・庭・生垣
◇**花の時期**　アキニレ9月、ハルニレ4～6月
◇**果実の時期**　アキニレ10～11月、ハルニレ5～6月

ケヤキ　落葉高木。高さ30m径2mほど。葉は互生、長さ3-7㎝幅1-2.5㎝。雌雄同株。花はごく小さい。果実は径4㎜ほど。写真：上＝紅葉時の樹形、右下＝果実時、左下＝果実

ケヤキ

欅／別名ツキ（槻）
ニレ科
Zelkova serrata

ケヤキは落葉広葉樹なので、秋、葉と枝との間に離層ができ、いっせいに葉を落とす。ところが、その落葉に先立って、数枚の葉と果実をつけた小枝にも離層ができ、小枝ごと落下する。つまり、長さ5㎝ほどの果実つきの小枝全体が散布体となっている。私はこれをケヤキの「葉っぱ飛行機」と呼んでいるが、くるくる回りながら風に舞う様子は、葉っぱの輪舞曲《ロンド》さながら。「葉っぱ飛行機」を探して木の周辺を歩いてみると、果実はすでに脱落しているものが多い。それでも、なんとか果実を探し集め、種《たね》まきをして育て、ケヤキのミニチュア盆栽を作ったことがある。

◇**分布**　本州〜九州、朝鮮、中国
◇**よく見る場所**　公園・広場・街路・庭・雑木林
◇**花の時期**　4月
◇**果実の時期**　10月、灰黒色に熟す

ムクノキ　落葉高木。高さ20m径1mほど。葉は互生、長さ5-10㎝幅4㎝ほど。雌雄同株。雄花序は長さ1-1.5㎝。果実は径1.2㎝ほど。写真：右上＝果実、右下＝雄花、左＝若い果実時

ムクノキ

椋木・樸樹／別名ムク・ムクエノキ・オムク
ニレ科
Aphananthe aspera

ムクドリの大好物なので、この名があるというのは本当だろうか。秋には果実が黒紫色に熟し、食べてみると、干し柿そっくりの味がする。ただ、ざらざらの種《たね》が口に残ってすぐ吐き出したくなる。実際、ムクドリやツグミが食べているところを目にする。鳥散布の代表的な木なので、あちらこちらに実生苗を見かける。鳥は体重を軽くするための三つの工夫をしている。骨が中空であり、顎骨《あごぼね》の代わりに嘴《くちばし》を持つこと、食べたらすぐ排泄することである。次々と果実を食べながら前に食べた果実の種《たね》を排出するので、同じ時期に果実をつけるほかの木の下に実生苗は多い。

◇分布　本州（関東以南）～沖縄、朝鮮～インドシナ
◇よく見る場所　公園・庭・広場
◇花の時期　4～5月
◇果実の時期　10月、黒紫色に熟す。食べられる

ヤマグワ　落葉高木。高さ3-10m。葉は互生、長さ6-14㎝幅4-7㎝。雌雄別株。雄花序は長さ2㎝、雌花序は4-6㎜。果実は長さ1-2.5㎝。写真：左＝果実

クワ　落葉高木。高さ6-10m。葉は互生、長さ8-15㎝幅4-8㎝。雌雄別株。雄花序は長さ2-2.5㎝、雌花序は5-10㎜。果実は長さ1-2.5㎝。写真：右＝果実

クワとヤマグワ

桑／別名マグワ・トウグワ、山桑／別名シマグワ
クワ科
クワ *Morus alba*、ヤマグワ *M. australis*

熟した紫黒色の果実は、甘酸っぱくておいしく、果実酒やジャムなどにもよい。若くて赤い果実と、熟した黒い果実との色の対比は、非常に鳥の目を引き、よい食料となる。食べられずに落下した果実も、中の種《たね》は1.7～2.5㎜と小さく、集合果なので小分けにしてアリが運ぶことができる。普通「クワ」と呼んでいる木は、養蚕用に中国から導入したもの。山地に生える日本在来のクワは「ヤマグワ」と呼んで区別する。ヤマグワは果実のつく量が少ない。クワは生長が早く、樹性が強健なこともあり造園樹としてはあまり使われない。

◇**分布**　クワは朝鮮、中国中部、
ヤマグワは北海道～沖縄、中国～インド
◇**よく見る場所**　庭・畑
◇**花の時期**　4～5月
◇**果実の時期**　6～7月、紫黒色に熟す。食べられる

イヌビワ　落葉高木。高さ3-5m。葉は互生、長さ8-20㎝幅3.5-8㎝。雌雄別株。花のうは径8-10㎜。果のうは径約2㎝。写真：左上＝果実時、左下＝花

イチジク　落葉高木。高さ5-8m。葉は互生、長さ20-30㎝。雌雄別株。花のうは長さ約3㎝。果実は長さ5-7㎝。写真：上＝果実と断面、下＝若い果実

イチジクとイヌビワ

無花果／別名トウガキ（唐柿）・ホロロイシ、犬枇杷・天仙果／別名イタブ・イタビ　クワ科
イチジク *Ficus carica*、イヌビワ *F. erecta*

イヌビワといえば私には千葉の山というイメージがあるが、北の丸公園の植え込みでも見かけた。幼い頃、裏山で遊びながらこの果実を食べすぎておなかをこわした。熟すると赤から次第に黒となり、鳥散布される。ヒヨドリが食べているのをよく見かける。落下した柔らかい果実は地面でつぶれ、アリを呼ぶ。甘く柔らかい果肉と、小さい種《たね》を持つイチジクの仲間は、アリによって散布されることもあるのだ。イチジクの仲間がアリの少ない寒帯や亜寒帯、湿地ではなく、暖かいところに分布している一つの理由かもしれない。

◇**由来**　イチジクは西アジア原産、イヌビワは本州（関東以西）～沖縄、朝鮮
◇**よく見る場所**　庭・街路
◇**花の時期**　夏・秋
◇**果実の時期**　イチジクは夏・秋、イヌビワは10月頃

カナムグラ　つる性の一年草。葉は対生、長さ5-12㎝、掌状に5-7裂。雌雄別株。雌花は10個ほどが集まる。果実は径4-5㎜。写真：右上＝草姿、右下＝雄花穂、左上・左下＝果実（a）と種（b）

カナムグラ

葎草・鉄葎
クワ科
Humulus japonicus

道端や荒れ地などに生えるつる性の一年草。つるには刺《とげ》があり、腕に絡みついたつるを取り除こうとして皮膚がみみず腫れになってしまった経験がある。カナムグラは、「鉄の葎（繁茂して藪を作るつる草の総称）」という意味で、まわりの植物を押しのけ、下向きの刺でほかのものに絡みつきながら、瞬く間に生い茂ってしまう。雌雄別株で、雌株にはビールに用いるホップに似た苞《ほう》がぶらさがる。種《たね》にはアリの大好物の種枕《しゅちん》がついていて、アリ散布植物である。種《たね》の中の胚の部分は白くらせん状に巻いている。この部分を虫めがねで子どもに見せると、「ペロペロキャンディだ」という感想が聞こえてきた。

◇**分布**　北海道〜沖縄、台湾、中国
◇**よく見る場所**　道端・空き地
◇**花・果実の時期**　9〜10月

セイヨウカラハナソウ　つる性の多年草。葉は互生。雌花序は長さ2-5㎝。果穂は長さ3㎝ほど。写真：左上＝花時、左下＝果実時

カラハナソウ　つる性の多年草。葉は互生、長さ5-12㎝。雌花序は長さ2-3㎝。果穂は長さ2.5-3㎝。写真：右上＝果実時、右下＝乾燥した果実と種

カラハナソウとセイヨウカラハナソウ

唐花草、西洋唐花草／別名ホップ

クワ科　カラハナソウ *Humulus lupulus* var. *cordifolius*

セイヨウカラハナソウ *H. lupulus*

山野に生えるつる性の多年草で、ほかのものに絡みながら生長し、長さ6ｍにもなる。雌雄別株で、雌株につく果実は「薄緑色の松かさ」という感じだ。秋〜冬、果実が薄茶色く乾くと、果柄が折れやすくなり、風に飛ばされる。種《たね》がボートに乗せられて一枚ずつ旅に出るかのようだ。よく似たセイヨウカラハナソウは別名「ホップ」。若芽は茹でて、またバター炒めで食べられる。松かさ状の花はビールに苦味や芳香を与え、発酵させるとパンの酵母となる。ジャガイモと混植すると害虫を防ぐ。リースの素材にするには、青いうちにつるごと摘んで乾燥させるとよい。

◇分布　カラハナソウは北海道・本州中部以北、中国、セイヨウカラハナソウはヨーロッパ原産

◇よく見る場所　道端

◇花・果実の時期　8〜9月、

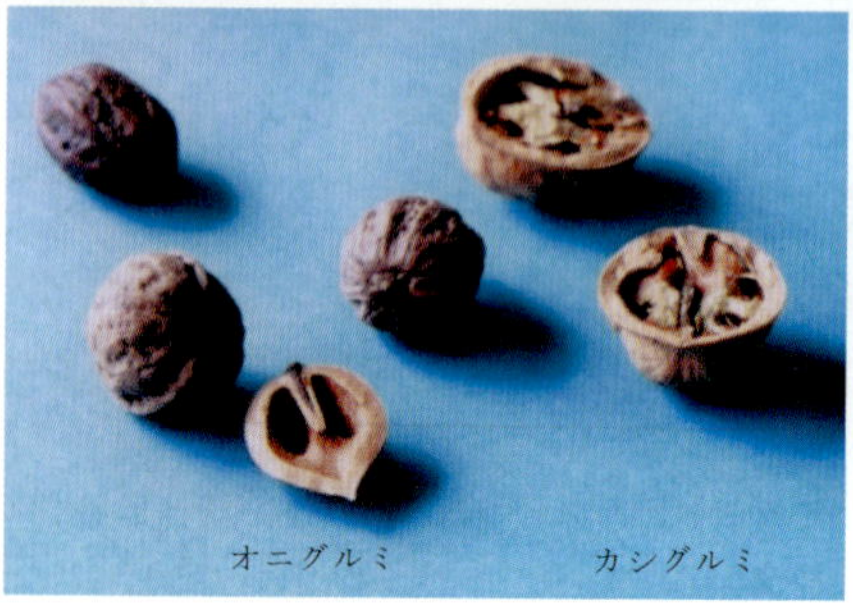

オニグルミ　落葉高木。高さ7-10m。葉は互生、長さ40-60cm、小葉は11-19個長さ8-18cm。雄花序は10-22cm、雌花序は6-13cm。果実は長さ3-4cm。写真：右＝果実時、左上＝幼果時、左下＝種と断面

オニグルミ

鬼胡桃／別名クルミ・ヤマグルミ

クルミ科

Juglans mandshurica var. *sachalinensis*

葛西臨海公園で漂着種子の調査をしたことがある。ここでは、遠い島からではなく、荒川や江戸川の上流の森林から流されてきたと思われるさまざまな植物の種《たね》を拾うことができる。中でもオニグルミは湿地を好み、河畔に多く生えているためか、たくさん発見できる。近づいてきたおじさんに「この実は食べられるんですよ」と教えると、石で割って食べ、「うまい！」と感動していた。市川市国府台駅に近い江戸川には護岸の割れ目にオニグルミが漂着し、林を形成しているところがある。護岸がコンクリートでなければ、海にまで出ずに川岸で生長できるかもしれない。

◇**分布**　本州～九州、樺太

◇**よく見る場所**　庭

◇**花の時期**　5～6月

◇**果実の時期**　9～10月、褐色に熟す。食べられる

ヤマモモ　常緑高木。高さ6-10m。葉は互生、長さ5-10㎝幅1.5-3㎝。雌雄別株。雄花序は長さ2-3.5㎝、雌花序は長さ1㎝ほど。果実は径1.5-2㎝。写真：右上＝果実、右下＝若い果実、左＝果実時

ヤマモモ

山桃・楊梅
ヤマモモ科
Myrica rubra

昔は木登りしてヤマモモの実を食べ、口のまわりを赤くしている子どもを見かけた。果実は生食のほか、ジャムや果実酒の材料にもなる。赤黒く熟れると当然、鳥の目を引くが、山ではサルもこの果実を食べる。種《たね》が大きいとサルが食べるときに噛み砕かれてしまうかもしれないが、ヤマモモは種《たね》が小さく、堅い核で守られているので、そのまま飲み込まれ、排出されるというわけ。熟して落ちた果実をアリが2、3匹がかりで運ぶ姿も観察されている。果肉が柔らかく種《たね》が小さいといろいろな生き物によって散布される可能性が高い。

◇**分布**　本州（関東以西）～沖縄、中国中南部、台湾、フィリピン
◇**よく見る場所**　公園・庭園・庭・街路・広場
◇**花の時期**　3～4月
◇**果実の時期**　6月、暗赤紫色に熟す。食べられる

クリ　落葉高木。高さ17m径1mほど。葉は互生、長さ7-14㎝幅5-15㎝。雌雄同株。雄花の花序は長さ13-23㎝。果実は堅果。写真：右＝果実時、左＝花時

クリ

栗／別名ニホングリ
ブナ科
Castanea crenata

クルミやラッカセイなどの主成分は脂肪だが、クリの主成分は澱粉《でんぷん》で、古くから穀物の不足を補う主要な食糧とされてきた。縄文時代の遺跡からも、野生種を改良した栽培種のクリが発見されている。秋の味覚の代表で、栗ご飯、栗羊羹、甘露煮、甘納豆、栗きんとんなど用途は広い。チュウゴクグリは甘栗に、ヨーロッパグリはマロングラッセにと、どんな国民にも愛されている。クリは長さ約1㎝の針がついたイガができ、成熟するとそれが4つに裂けて中から3個の堅果が脱落する。堅果の大きさは品種によってかなり異なり、晩生品種ほど大粒になる傾向がある。

◇**分布**　北海道南部～四国・九州、朝鮮
◇**よく見る場所**　庭・畑・雑木林
◇**花の時期**　6～7月、匂いがある
◇**果実の時期**　9～10月、褐色に熟す。食べられる

ドングリの仲間1 （常緑と落葉・ドングリの実る時期）

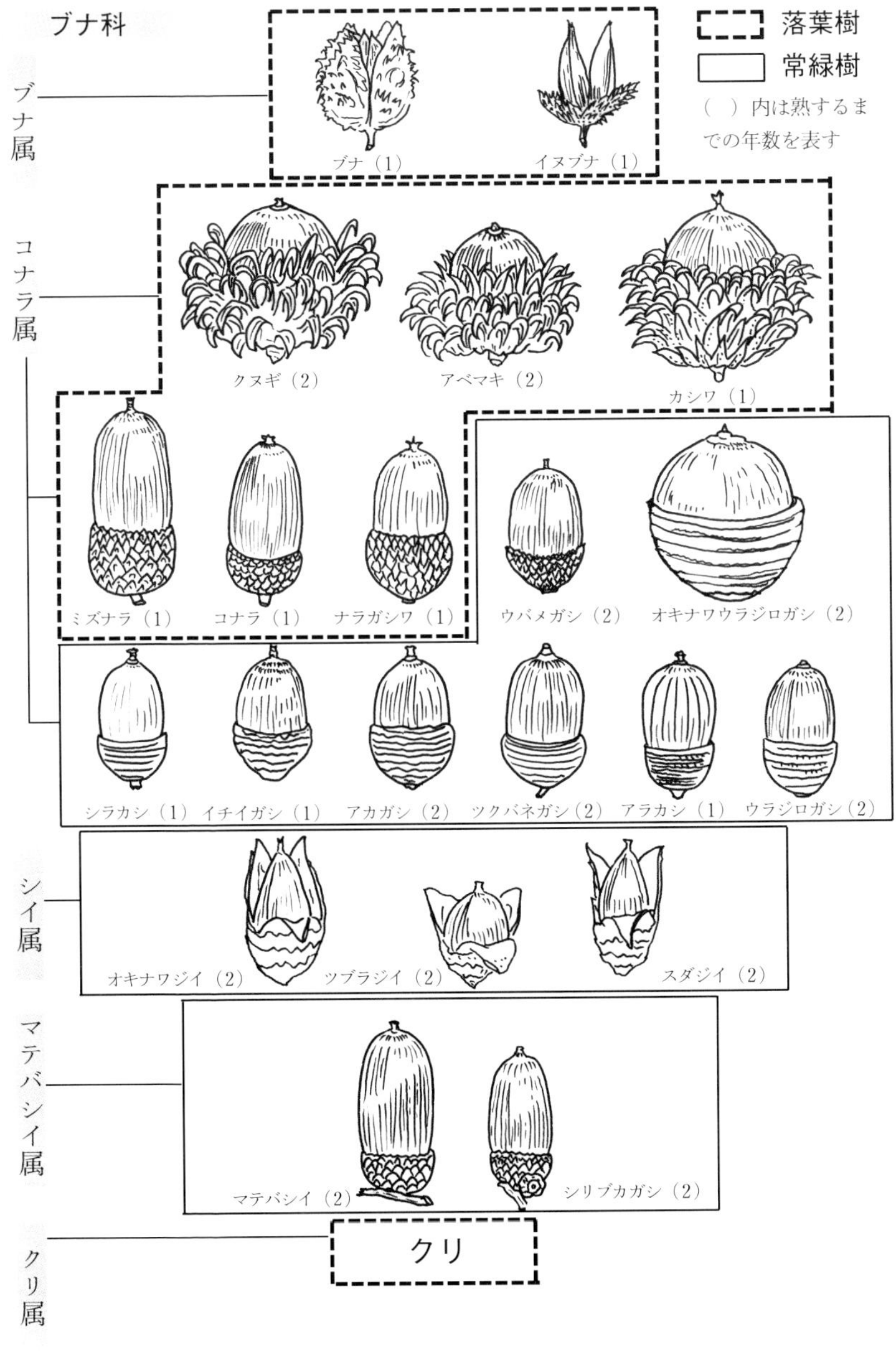

ドングリの仲間2（ドングリと葉の形）

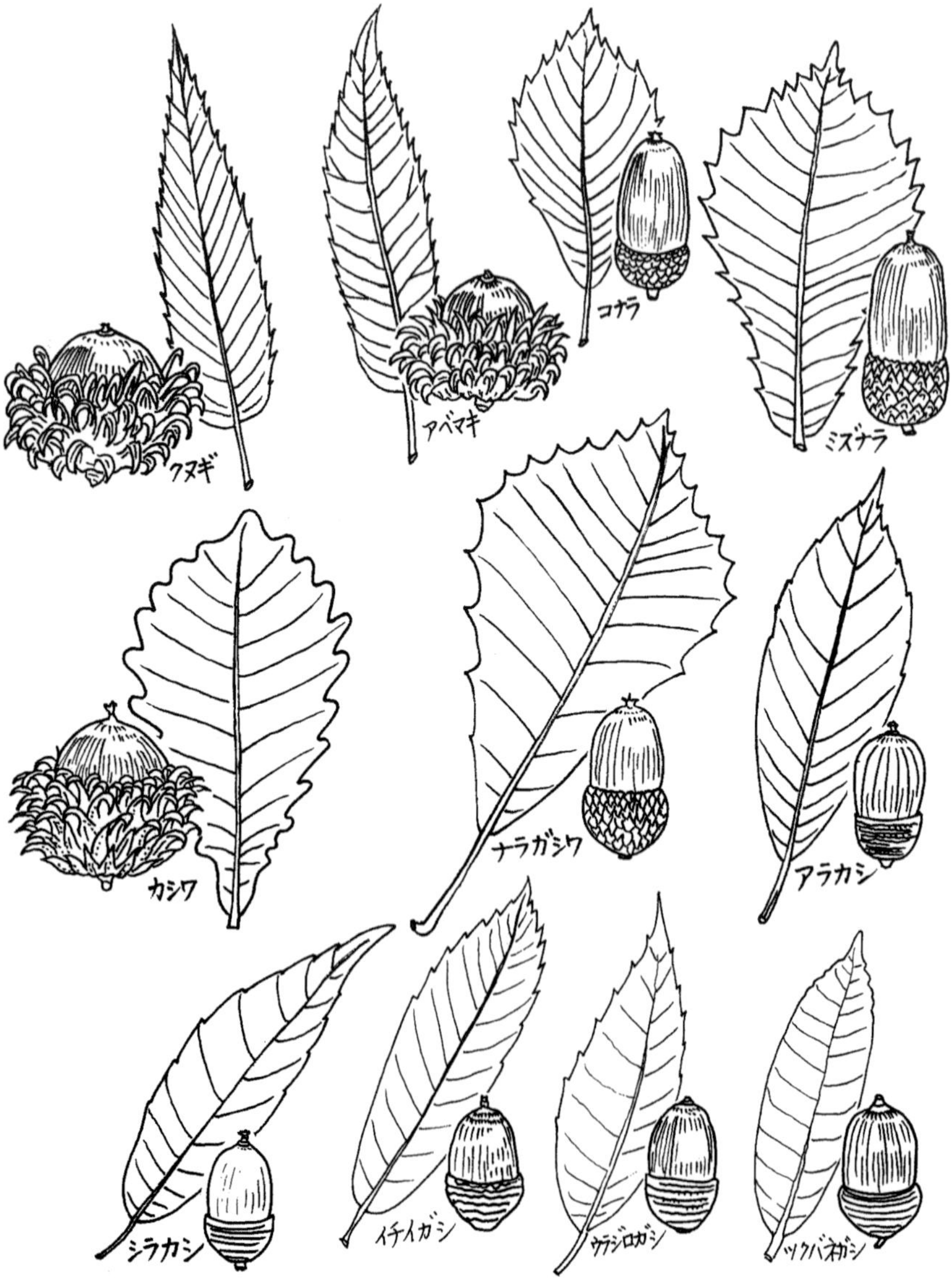

ドングリの仲間2 （ドングリと葉の形）

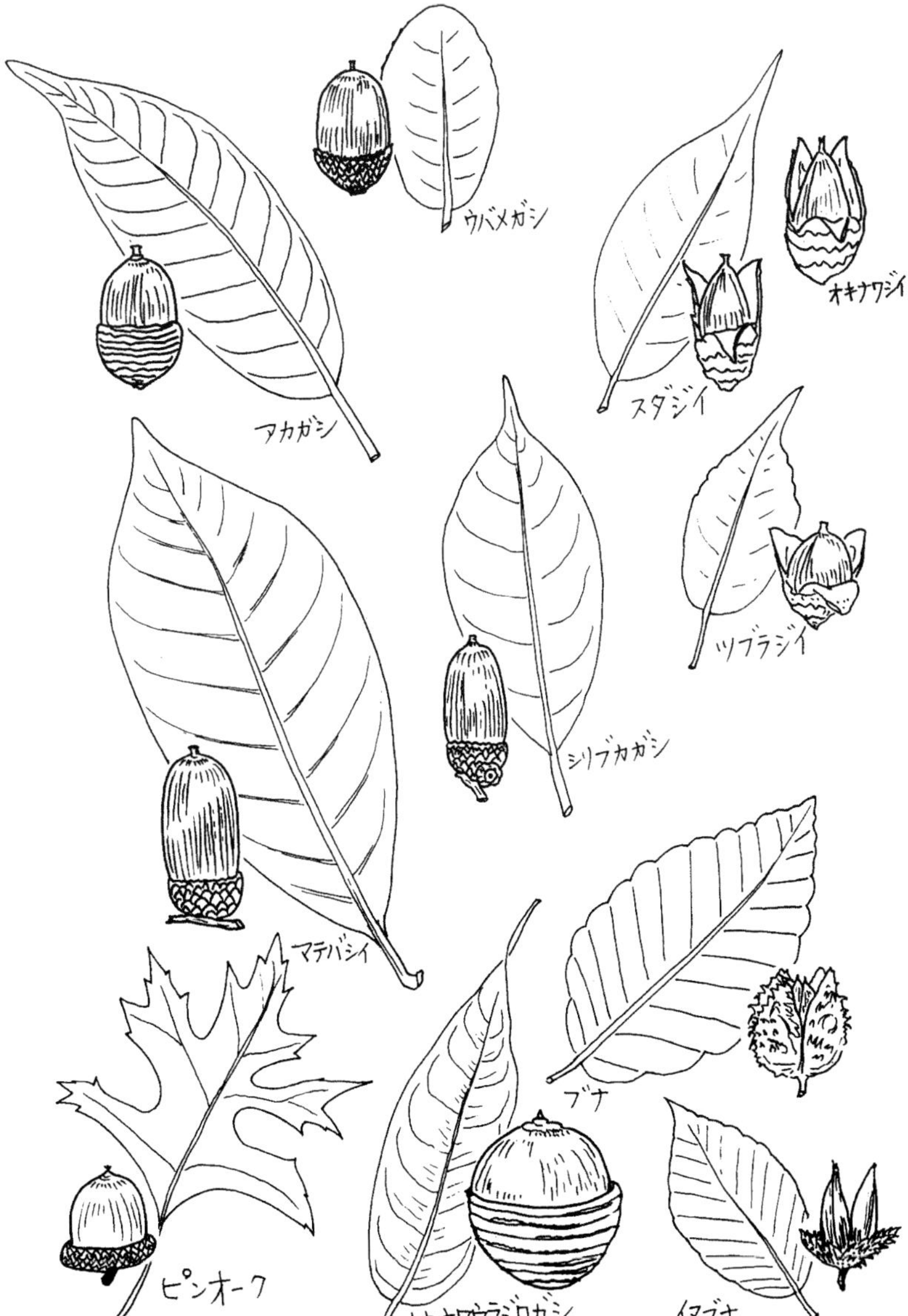

ウバメガシ　常緑低木ないし高木。高さ3-5m。葉は互生、長さ3-6㎝幅1.5-3㎝。雌雄同株。雄花序は長さ2-2.5㎝。果実は長さ1-2㎝。写真：右＝若い果実、左上＝葉、左下＝ドングリと葉

ウバメガシ

姥目樫・姥芽樫／別名ウバシバ・ウマメガシ
ブナ科
Quercus phillyraeoides

主に沿岸地方で見られ、標高が高いところには自生しない。ブナ科の樹種の中では、樹高がもっとも低く、3～5mにしかならない。カシ属の中で最も強い刈り込みに耐える。よく枝分かれし、葉もよく茂るので、防風・防潮用の生垣として用いられる。この材を炭にしたものが「備長炭」で、元禄年間に、紀州の炭問屋・備後屋長右衛門が売り出したのが始まり。火力は絶大で、ウナギの蒲焼にはよく使う。ドングリは先端もお尻の部分も尖り、殻斗《かくと》は浅くて鱗状である。名の由来は諸説あるが、ドングリの形が姥の乳房に似ているので「姥女樫《うばめがし》」というおもしろいものもある。

◇**分布**　本州（神奈川以南）～沖縄、中国、台湾
◇**よく見る場所**　公園・庭園
◇**花の時期**　4～5月
◇**果実の時期**　翌年の秋、褐色に熟す

クヌギ 落葉高木。高さ15mほど。葉は互生、長さ8-15㎝幅2-4㎝。雄花序は長さ10㎝ほど。果実は径2-2.3㎝。写真：右上＝若い果実、右下＝ドングリと葉、左＝果実期

クヌギ

櫟・椽・櫪

ブナ科

Quercus acutissima

材はシイタケの原木に、落ち葉は堆肥に、ドングリは昔、豚の飼料にされたというように、クヌギは余すところなく使われる。クヌギやコナラをはじめ、雑木林を形成する広葉樹は、切り株からひこばえ（脇芽）が伸び、林が再生する。里山の雑木林に見られるこのような優れた循環システムに今注目が集まっている。樹液を求めてカブトムシやクワガタ、ハチやコガネムシの仲間がやってくる。チョウやガの仲間にも、花よりこの樹液を好むものがいる。クヌギのドングリは丸くて、お椀に載った姿は鳥の巣篭りのようである。一度転がりだしたらとまらないイメージがある。

◇**分布** 本州（岩手・山形以南）～沖縄、朝鮮

◇**よく見る場所** 公園・雑木林

◇**花の時期** 4～5月

◇**果実の時期** 翌年の秋、褐色に熟す

カシワ　落葉高木。高さ15m径60㎝ほど。葉は互生、長さ12-32㎝幅6-18㎝。雌雄同株。雄花序は長さ10-15㎝。果実は長さ1.5-2㎝。写真：右＝花、左上＝葉、左下＝蕾

カシワ

柏・槲・檞／別名モチガシワ・カシワギ
ブナ科
Quercus dentata

カシワはブナ科の中でもっとも大きな葉をもつ。冬でも枯葉が落ちにくい。古代、食べ物を包んだり蒸かしたり、炊事に用いる大きな葉を、「カシキハ」と呼んだ。『万葉集』の中でも、食物を盛るときに使う大きな葉のことを「カシワ」と呼んでいる。現代でも、カシワと聞くと柏餅が思い浮かぶが、用いる葉は今はほとんどが中国産である。カシワの樹皮はコルク質が発達し、耐火性があるため、山火事にあっても枯れることがない。しかし、剪定は好まない。ドングリは卵球形。殻斗《かくと》はクヌギやアベマキに似るが、褐色の薄い紙質で、細い線状、反り返る。

◇**分布**　北海道～九州、南千島、朝鮮、中国、台湾
◇**よく見る場所**　公園・庭
◇**花の時期**　5～6月
◇**果実の時期**　秋、褐色に熟す

コナラ　落葉高木。高さ15m径60cmほど。葉は互生、長さ7.5-10cm幅2.5-7cm。雌雄同株。雄花序の長さは2-6cm。果実は長さ1.6-2.2cm幅0.8-1.2cm。写真：右上＝芽ばえ、右下＝ドングリと葉、左＝果実時

コナラ

小楢／別名ハハソ・ホホソ
ブナ科
Quercus serrata

オオナラの別名をもつミズナラと比べ、葉が小さいのでコナラと名づけられた。クヌギとともに里山の雑木林の主要樹種である。葉の上半分が幅広く、裏は灰白色。秋には美しい紅葉・黄葉となる。かつては葉を堆肥にし、水田の肥料とした。ドングリのお尻の部分は尖り気味で、殻斗《かくと》はやや浅く、屋根瓦がびっしり並んだような鱗状である。ときどき中から出てくる白い虫は、ドングリが緑色のうちに産みつけられた卵からかえったコナラシギゾウムシの幼虫。この幼虫は、ドングリの中身を食べて成長し、秋、ドングリが落ちると出てきて、土中でさなぎとなる。

◇**分布**　北海道～九州
◇**よく見る場所**　公園・雑木林
◇**花の時期**　4～5月
◇**果実の時期**　秋、褐色に熟す

シラカシ　常緑高木。高さ20m径80㎝ほど。葉は互生、長さ7-14㎝幅1.5-2.5㎝。雌雄同株。雄花序は長さ5-12㎝。果実は長さ1.5-2㎝。写真：上＝果実時、左上＝若い果実、左下＝ドングリと葉

シラカシ

白樫・白橿／別名ホソバガシ・ササガシ
ブナ科
Quercus myrsinaefolia

シラカシの北限は宮城県あたりといわれ、カシ属ではもっとも寒地に生息する。剪定にも強いので、生垣や公園樹などにもされる。関東北部では、家の北側に高く生垣として植え、寒風を防いでいる。アカガシと比べると材が白っぽいのでシラカシと呼ばれ、カンナの台や金鎚の柄として用いられる。葉の裏側も白く、ライターの火を近づけると、蝋質が溶け出す。葉の裏側で敷居をこすると、すべりがよくなる。ドングリの殻斗《かくと》には同心円状の環が6～8個入り、横から見ると縞模様に見える。殻斗には細かい毛が密生する。このドングリはタンニンを多く含み、渋い。

◇**分布**　本州（福島・新潟以南）～九州、朝鮮、中国
◇**よく見る場所**　公園・街路・雑木林
◇**花の時期**　5月
◇**果実の時期**　10月、褐色に熟す

アラカシ 常緑高木。高さ18m径60cmほど。葉は互生、長さ7-12cm幅2.5-6cm。雌雄同株。雄花序は長さ4-10cm。果実は長さ1.5-2cm。写真：右上＝若い果実、右下＝ドングリと葉、左＝果実時

アラカシ

粗樫／別名ナラバガシ
ブナ科
Quercus glauca

枝の張り方がまばらで、アラカシ（粗樫）と呼ばれたというが、単に「カシ」ともいう。関東では生垣にシラカシを用いるが、関西ではアラカシが主。新芽は赤褐色で、初め短い軟毛があるが、その後なくなる。ドングリは黒い縦縞が目立ち、球状楕円形。殻斗《かくと》は同心円状の環が5～8個入る。ドングリの幅のほうが殻斗より膨らみ、お尻の部分が小さいためすぐに落下する。縄文時代からカシ類は食べられ、ドングリの貯蔵穴が発見されている。穴は直径・深さ1mもあったという。大陸から稲作が伝わる以前の大切な食糧だった。

◇**分布** 本州（宮城以西）～九州、朝鮮、中国、台湾、インドシナからヒマラヤまで
◇**よく見る場所** 公園・生垣・雑木林
◇**花の時期** 4～5月
◇**果実の時期** 10月、褐色に熟す

スダジイ　常緑高木。高さ20m。葉は互生、長さ5-15cm。雌雄同株。雄花序は長さ8-12cm雌花序は8cm。果実は径1.2-2cm。写真：右＝葉、左上＝果実、左下＝ドングリと葉

シイ（スダジイ）

椎（スダ椎）／別名イタジイ・ナガジイ
ブナ科
Castanopsis sieboldii（=*C. cuspidata*）

丸みのある大きな樹冠が特徴。葉は厚く、皮質で、小形。先は尖り、裏が黄金色で光沢がある。スダジイのドングリは、タンニンをほとんど含まず、生食してもほのかな甘味があり、おいしい。そのため葉裏のゴールドカラーを目印に、ドングリを探したくなる。わが家で飼っていたリスも、このドングリをいちばん喜んだ。ドングリをすっぽり包んでいる殻斗《かくと》は、バナナの皮のように3つに裂け、焦茶色の尖ったドングリが現れる。関東地方では、江戸時代に家の外周に植え、防火用にした記録がある。材は建築、器具、船舶、薪炭、パルプ、シイタケの原木などに用いる。

◇**分布**　本州（福島以西）～九州、朝鮮
◇**よく見る場所**　公園・庭・寺社／防火樹・防風林
◇**花の時期**　5下旬～6月、強い匂いがある
◇**果実の時期**　翌年の秋、黒褐色に熟す。食べられる

マテバシイ　常緑高木。高さ15mほど。葉は互生、長さ8-16㎝幅3-7㎝。雌雄同株。雄花序は9-10㎝、雌花序は5-9㎝。果実は長さ2-3㎝。写真：右上＝雄花時、右下＝ドングリと葉、左上＝果実時、左下＝幼果

マテバシイ

別名マテガシ・マテバガシ・マタジイ
ブナ科
Lithocarpus edulis

南房総には岬全体にマテバシイが植えられ、林になっているところがある。マテバシイの林は、隙間なく葉が茂り、上空から中の様子がわからなくなる。地元の人の話では、戦時中、戦車の格納庫代わりに用い、敵の飛行機から戦車を隠したという。マテバシイの材は、塩水に強く、漁具やノリヒビ、また薪《たきぎ》や炭にもされた。暖地育ちの私にはドングリというとマテバシイが真っ先に思い浮かぶ。殻が非常に固く、笛や独楽《こま》なども作りやすい。中身を陰干しして待つと渋みがなくなり、シイのようにおいしくなるので、「マテバ（待てば）シイ」の名がついたという説もある。

◇**分布**　本州〜沖縄の暖地
◇**よく見る場所**　公園・庭園・街路
◇**花の時期**　6月、強い匂いがある
◇**果実の時期**　翌年の秋、褐色に熟す、食べられる

イヌシデ　落葉高木。高さ10-15m径30㎝ほど。葉は互生、長さ4-8㎝幅2-4㎝、側脈は7-15対。雌雄同株。雄花序は長さ4-5㎝。果実は長さ4.5㎜ほど。写真：上＝果実時、左下＝果苞と種

イヌシデ

犬四手／別名シロシデ・ソネ・ソロ
カバノキ科
Carpinus tschonoskii

この仲間の果実は10月頃熟し、イヌシデの穂の長さは4〜12㎝。プロペラつきの果実は1.5〜3㎝。片ペラずつくるくる回転しながら風に乗り、遠くへ飛んでいく。この翼果《よくか》を真似て、さまざまな素材で模型を造ってみた。平らな紙の上に重りを載せたぐらいでは飛ばない。翼のカーブやギザギザの形を真似てもだめ。糸を貼りつけ、翼の葉脈を忠実に再現したところ、ついに本物と同じような飛び方をした。二枚一組の果実が背中合わせで、さらに四方八方に翼を向けるその姿は、どんな方向の風でもつかみ、種《たね》を飛ばそうと待ち構えているかのようだ。

◇**分布**　本州（岩手・新潟以南）〜九州、朝鮮、中国
◇**よく見る場所**　公園・雑木林
◇**花の時期**　4〜5月
◇**果実の時期**　10月頃、褐色に熟す

クマシデ属の葉と果実

アカシデ　落葉高木。高さ10-15m。葉は互生、長さ3-7㎝幅2-3.5㎝、側脈は7-15対。果実の苞は長さ1-1.8㎝。写真：右上＝果苞と種と葉、左上＝果実時

クマシデ　落葉高木。高さ10-15m。葉は互生、長さ6-11㎝幅2.5-4.5㎝、側脈は15-24対。雌雄同株。果実の苞は長さ1-2㎝。写真：右中＝果穂、右下＝果苞と種、左下＝果実時

ヤシャブシ　落葉低木。高さ10-15m。葉は互生、長さ4-10㎝幅2-4.5㎝。雌雄同株。雄花序は長さ4-6㎝。果実は長さ3.5㎜ほど。写真：左上＝古い球果をつけた枝、左下＝若い球果

ハンノキ　落葉高木。高さ10-20m径10-60㎝。葉は互生、長さ5-13㎝幅2-5.5㎝。雌雄同株。雄花序は長さ4-7㎝。果実は長さ4㎜ほど。写真：右上＝若い球果、右下＝古い球果をつけた枝

ハンノキとヤシャブシ

榛の木、夜叉五倍子／別名ミネバリ
カバノキ科
ハンノキ *Alnus japonica*、ヤシャブシ *A. firma*

ハンノキは、河畔林など、水辺に多い。水田の畦《あぜ》に植えて、稲架木（稲をかけ乾燥させる）にしたり、ワサビ田の日光調節のために周辺に植えたりもする。ヤシャブシは、砂防や風除、薪炭用材として植林されたこともある。どちらも果実はタンニンが多く、染料とする。「黒八丈」はヤシャブシで染めるという。小ぶりのマツボックリのような球果には中に翼つきの種《たね》があり、よく乾くと晴れた日にはかなり遠くまで風散布される。種《たね》は容易に発芽するが、耐陰性がなく、舞い降りた先が暗い林内などではすぐ枯死してしまう。

◇分布　ハンノキは北海道～九州、千島、ウスリー、朝鮮、中国、ヤシャブシは本州・四国・九州
◇よく見る場所　公園・河畔
◇花の時期　11月（暖地）、4月（寒地）
◇果実の時期　10月頃、黒褐色に熟す

ヨウシュヤマゴボウ　多年草。茎は高さ0.7-2.5m。葉は互生、長さ5-30㎝幅2.5-13㎝。花穂は長さ6-21㎝、花は径4-6㎜。果実は径8㎜ほど。写真：右上＝若い果実、右下＝花、左＝果実時

ヨウシュヤマゴボウ

洋種山牛蒡／別名アメリカヤマゴボウ

ヤマゴボウ科

Phytolacca americana

明治初期に渡来し、日当たりのよい空き地や道端、コンクリートの隙間からも生えているのが見られる。根はゴボウ状に深く入り込み、なかなか引き抜けない。姿が似ているヤマゴボウは果実に筋が入り、8個の分果となるのが特徴で、都会にはほとんど生えない。ヨウシュヤマゴボウの果実は径8㎜ほどの球形で、紅紫色の果汁を含み、英名をInk berryという。子どもたちが手を真っ赤にしながら果実をもいできて、つぶして色水を作って遊ぶ。この果実を食べた鳥の糞さえ紫色になってしまう。糞コロジーしてみると、中には径3㎜ほどの黒く艶々した丸い種《たね》が入っている。

◇**由来**　北アメリカ原産、日本全土に見られる

◇**よく見る場所**　荒れ地・空き地・公園

◇**花・果実の時期**　6〜10月

オシロイバナ　多年草。茎は高さ1mほど。葉は対生、長さ3-10cm幅3-8cm。花は長さ2.5-5cm。果実は長さ5-8mm。写真：右＝花時、左上＝花、左下＝種

オシロイバナ

白粉花／別名オシロイソウ・ユウゲショウ
オシロイバナ科
Mirabilis jalapa

学校帰りの夕暮れ時に咲いているイメージがある。午後3～4時頃開き始めることや、花びらが深い漏斗《ろうと》状であるため、長いストロー（口吻《こうふん》）を持つ夜行性の蛾が受粉を助けている。残念なことに蛾が来てくれなかった花は、雄しべと雌しべが巻き戻ってくっつき、同花受粉によって「クローン種子」を作る。それでも果実となるのは全体の三分の一。オシロイバナのまん丸く膨らんだ真っ黒な種《たね》を見ると、なぜか夢中で採ってしまう。黒い皮の中の胚乳は真っ白でつぶすとさらさらの白《おし》粉《ろい》のようになり、幼心にドキドキしながら、そうっと頬に塗ってみたりした。そのときだけはちょっと大人になった気がしたものだ。

◇**由来**　熱帯アメリカ原産、日本全土に見られる
◇**よく見る場所**　道端・空き地・河川敷
◇**花・果実の時期**　夏の終わり～秋、よい香りがある

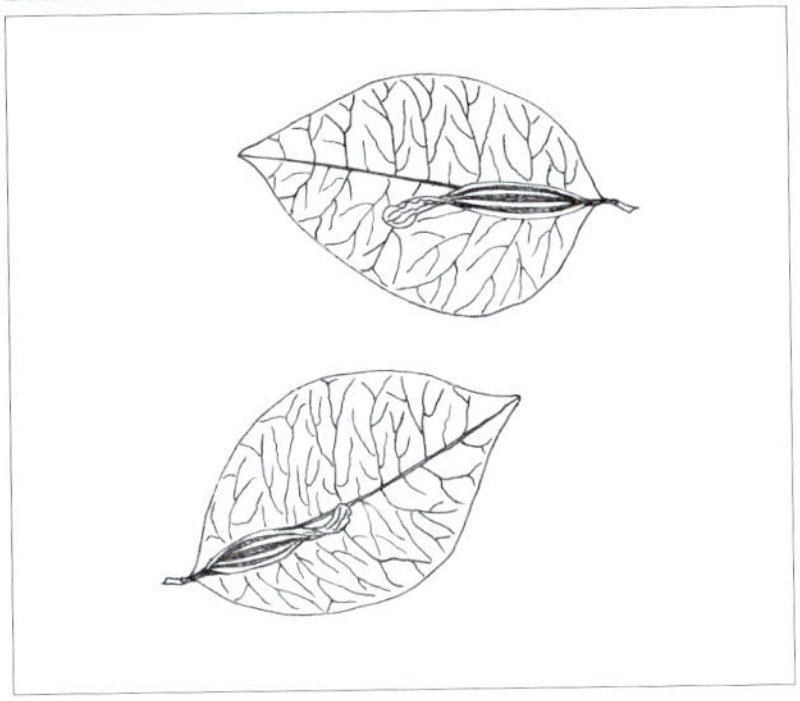

ブーゲンビレア　常緑つる性木本。葉は互生、長さ6-7cmから10-15cmのものまで。花には花弁状の苞が3個あり、苞は長さ3cmほどから5-6cmまで。果実は痩果。写真：右上・下＝果実、左＝花時

ブーゲンビレア

Bougainvillea／別名イカダカズラ（筏葛）
オシロイバナ科
Bougainvillea

南アメリカに14種ほどあり、それらから多くの園芸品種が作出されている。熱帯のイメージがあり、色鮮やかな花びらに見えるのは、じつは苞《ほう》で、3枚あり、それぞれの上に1つずつ、白く細い円筒形の花が咲く。この形から「イカダカズラ」という和名がある。長い間この苞は、昆虫やハチドリを引きつけるためだけのものと思いこんでいた。シンガポールを訪れたとき、風に舞っていた薄茶色の翼《よく》果《か》を拾い上げてみると、ブーゲンビレアの苞だった。まるで種《たね》を運ぶハンググライダー、中心についていた果実は人がぶら下がっているように見えた。残念ながら結実はしていなかったが、いつか原種につく種《たね》を見たい。

◇**由来**　南アメリカ原産の種から交配により作出
◇**よく見る場所**　庭・鉢植え
◇**花・果実の時期**　春〜夏

Tea Time

気になる木になるタネの話

植物を「勉強」するときには、興味深い「こぼれ話」を知ると、にわかにその植物のことが身近に感じられるようになります。たとえば、衣食住をはじめとする文化史をみると、人と植物との深い関わりを発見でき、さらに身近に感じられますし、微速度撮影でみる植物の生長や開花の様子、ヒマワリの種《たね》の黄金角（137・5度）に基づく見事ならせん模様など、デザインの興味深いパターンなどを知ると、親しみがわき、深く印象にも残ります。

「白」という漢字はドングリの形からできた象形文字で、最上部の「丿」が残存花柱、真ん中が堅果、下の部分が殻斗《かくと》を表したものです。ドングリを食用として、中身の色を知っていたため、それを表す色となったのです。

また、「この木なんの木、気になる木……」のCMで有名なあの木は、マメ科の一種で「サマネア・サマン（*Samanea saman*）」といいますが、馴染みがないせいか、すぐに忘れてしまいがちです。そこで、「様になんねえや、ねえちゃん」と、独自の日本語に変え、おもしろおかしく覚えている友人もいます。

ヒマワリの種子の配列には黄金角が隠れている！

さらに、最も興味深いのは、生長に必要なすべての情報をもちながらも眠り続け、長い時間を経て発芽する「命のタイムカプセル」のような種《たね》があることです。一万年前の地層から氷づけの状態で見つかった北極ルピナスの種《たね》が、なんと、発芽し花を咲かせました。気の遠くなるほどの長い時間を生き延びる生命力には感服します。セコイアの針の頭よりやや大きな種《たね》が発芽し、100m超の巨木に生長することなど、種《たね》に収められた膨大な情報量を思うと、驚き圧倒されます。ほかにも降水量を測ることのできる種《たね》、光の波動を感じる種《たね》など、話題はつきません。

植物との付き合いは、友情を育むことと似ています。名前を覚え、将来の夢や個性、目標や努力を知り、徐々に親しくなるように、植物との対話を楽しみながらそれぞれについて学んでいくのもよいものです。植物の種《たね》は知れば知るほどおもしろく、まさに「話の種《たね》」になります。知ったことや感動したこと、驚いたことを人に話すと、自然に頭に入ってくるものです。

ヒナタイノコズチ　多年草。茎は高さ40-90㎝。葉は対生、長さ10-15㎝幅4-10㎝。花被は長さ4-4.5㎜。果実は長さ2.5㎜ほど。写真：右上＝ヒカゲイノコズチ、右下＝ヒナタイノコズチ、左＝果実時

ヒナタイノコズチ

日向牛膝
ヒユ科
Achyranthes bidentata var. *tomentosa*

野原で遊んでいるうちに、たくさんのイノコズチの種《たね》がついてしまい、取るのに苦労した経験のある人も多いだろう。この種《たね》は、ボールペンの頭やキャップについている便利なあのクリップそっくりで、その構造はイノコズチ特有のものである。付着散布型の種《たね》にある刺《とげ》やかぎや粘液は、動物のような動くものについて移動の助けをしたり、動かないものについた場合にも、そこにとどまる碇《いかり》の役目を果たす。粘液を持つ種《たね》は、地面にくっついて、その場に定着しやすくなっているし、刺やかぎは、動物に食べられるのを防ぐ役目もあり、このメカニズムは付着以外にも、一つで何役もこなしている場合がある。

◇**分布**　本州〜九州、中国
◇**よく見る場所**　空き地・荒れ地・道端
◇**花・果実の時期**　8〜9月

スベリヒユ　一年草。茎は長さ15-30㎝。葉は互生、長さ1.5-2.5㎝。花被は長さ4㎜ほど。果実は長さ5㎜ほど。写真：右＝草姿、左上＝裂開した果実と種、左下＝花

スベリヒユ

滑莧／別名トンボソウ・イワイズル
スベリヒユ科
Portulaca oleracea

スベリヒユは果実が熟すると、横に裂け目が入り、吸い物碗の蓋《ふた》が取れるように上半部が取れ、杯状に開く。中には黒い種《たね》が多数入っている。室内で栽培すると、枯れるまでこの種《たね》は残るが、野外では、空になっている様子が見られる。これは雨水散布で、種《たね》が雨粒で弾き飛ばされたり、杯の中にたまった雨水といっしょにあふれ出てしまったりするせいだ。ほかにも、雨水散布の例はシソ科のウツボグサ属やタツナミソウ属がある。これは、横向きの萼《がく》の上唇が大きく発達し、雨粒が当たると種《たね》を飛ばすしくみ。スベリヒユでは、海流によって流された流木や軽石の中の土から種《たね》が見つかり、発芽した例があるという。

◇**分布**　世界中の温帯～熱帯、日本全土に見られる
◇**よく見る場所**　畑地・空き地・道端
◇**花・果実の時期**　7～9月

マツバボタン　一年草。高さ10-25㎝ほど。葉は互生、長さ1-2㎝。花は径3㎝、園芸品種では4-5㎝ほど。果実は長さ5-6㎜ほど。写真：右上・左上＝園芸品種の花、右下＝種、左下＝ポーチュラカの花

マツバボタン

松葉牡丹／別名ツメキリソウ・ヒデリソウ
スベリヒユ科
Portulaca grandiflora

マツバボタンの花が終わり、果実の蓋《ふた》が取れると、お椀の中には細かい種《たね》がたっぷり入っている。その種《たね》には鈍い金属的な輝きがあり、まるで鉛玉のようだ。強風や雨粒などで弾き飛ばされて落下し、埋土種子となるが、一年草なので、また翌年発芽して花を咲かせる。土の中にはこのようにして眠っている種《たね》が数多くあるのだろう。コンクリートの隙間やアスファルトの切れ目など、高温やきびしい乾燥の悪環境にも耐え抜いて発芽する。葉も茎も多肉質であるため、生長してからも強い。花壇に多く植えられているポーチュラカも同属だが、いろいろな色の花を咲かせ、心を和ませてくれる。

◇**由来**　ブラジル、アルゼンチン原産
◇**よく見る場所**　庭・花壇
◇**花・果実の時期**　夏

ハゼラン　一年草。茎は高さ30-80㎝。葉は互生、長さ3-10㎝幅1.5-5㎝。花は径7㎜ほど。果実は径3㎜ほど。写真：右＝果実時、左上＝花、左下＝果実と種

ハゼラン

糠蘭／別名サンジソウ・ヨジソウ
スベリヒユ科
Talinum triangulare

丸くて赤い果実をつけることから、別名「コーラル（さんご）フラワー」という。ピンク色の花も可憐で、「午後3時花」という別名をおもしろがって庭に持ち込んだのが愚かだった。翌年もまたその翌年も、次々あちこちから生えてきて、今では抜き取らなければならないほど広がってしまった。ハゼランの「ハゼ」とは、爆《は》ぜるという意味。果実の皮がパンクして、種《たね》が飛び出し、掃除がたいへんだ。間違っても、摘み取って部屋に飾ったりしないほうがいい。熱帯アメリカ原産の一年草で、明治時代に観賞用に導入されたが、今では庭を抜け出してあちこちで野性化している。

◇**由来**　熱帯アメリカ原産、本州～沖縄に見られる
◇**よく見る場所**　道端・人家の石垣・敷石の間など
◇**花・果実の時期**　8～10月

ギシギシ　多年草。高さ60-100㎝。茎の葉は互生、長さ10-25㎝幅4-10㎝。花は萼のみで花弁はない。果実は長さ2.5-3㎜。写真：右上＝果実、右下＝草姿、左＝果実時

ギシギシ

羊蹄

タデ科

Rumex japonicus

ギシギシは根をすりおろして塗り、水虫薬にする。河原や田んぼの畦《あぜ》など柔らかい土に生えているものは、掘り取りやすい。こんなところに生えているのは種《たね》が水に流され、運ばれて来たからだろうか？　種《たね》には翼がついているため、風散布かと考えていたが、水散布と両方やってのけるのかもしれない。水に浮いた種《たね》をハシビロガモがついばんでいるのを見たこともある。そうなると、動物散布ということなのか。植物自身がいろいろな可能性を考えているように思えてくる。都会ではヨーロッパ原産のアレチギシギシやエゾノギシギシなどもよく見かける。

◇**分布**　北海道〜沖縄、朝鮮、中国、樺太、千島

◇**よく見る場所**　畑地・道端・空き地・河川敷・土手

◇**花・果実の時期**　6〜8月

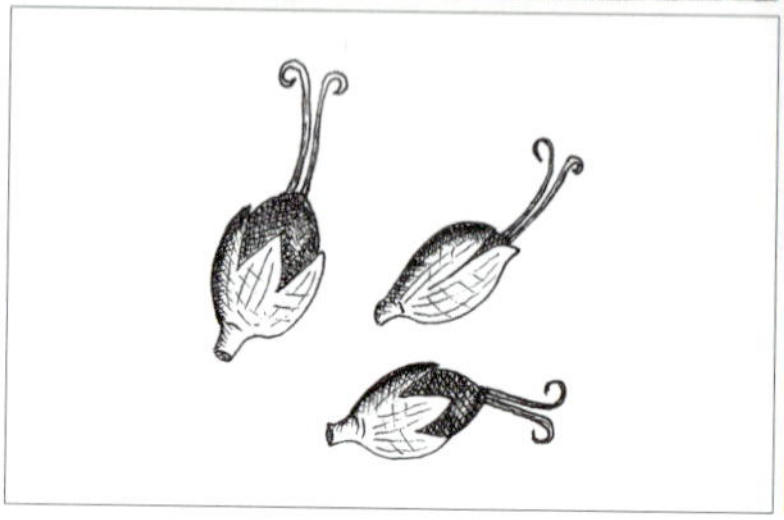

ミズヒキ　多年草。茎は高さ40-80cm。葉は互生、長さ5-15cm幅4-9cm。花には花弁がなく、萼片は長さ2-3mm。果実は長さ2.5mmほど。写真：右＝果実時、左上＝草姿、左下＝果実

ミズヒキ

水引／別名ミズヒキグサ、漢名金線草
タデ科
Antenoron filiforme

突き出した穂を上から見ると赤、下から見ると白く見える。その様子が紅白の水引に似ているところから、名前がつけられたという。ミズヒキが生える場所は、林や藪の縁など、人や動物がよく通るところで、かぎを持った種《たね》をつけることもうなずける。植物の種《たね》にある刺《とげ》やかぎには大きく分けて5種類がある。まっすぐな針、ゆるやかにカーブした針、かぎ針、まっすぐな針から多数の逆刺、まっすぐな針の先端にだけ逆刺。ミズヒキはかぎ針型のかぎを持つ。背が高くなる樹木や、人が通らない場所に生えるような植物には、こうした工夫は見られないのもおもしろい。

◇**分布**　北海道〜沖縄、朝鮮、中国、インドシナ、ヒマラヤ
◇**よく見る場所**　人家のまわり・林の縁・公園の隅
◇**花・果実の時期**　8〜10月

イシミカワ　つる性の一年草。茎は長さ1-2m。葉は互生、長さ2-4㎝幅3-5㎝。花被は長さ3㎜ほど。果実は径2-3㎜。写真：果実時

イシミカワ

石見川
タデ科
Persicaria perfoliata

わりと開けた道端や畦道《あぜみち》などに生える、つる性の一年草。茎には下向きの刺《とげ》があり、それでほかのものに引っかかりながら伸びていくので、藪に覆いかぶさり、果実だけが飛び出して見えることもある。丸いお皿のような托葉《たくよう》の上に、陶器のような艶のある果実がちょこんと載っているような姿が特徴的。果実の美しさは群を抜いていて、果実が熟するにつれてだんだん色が変化し、一つの果房でさまざまな色が楽しめる様子は、「果実版の紫陽花」といったところだろうか。このような美しい色は、鳥のためというよりは、人間の目を楽しませるために作られているかのように思える。

◇分布　北海道〜沖縄、アジア
◇よく見る場所　道端・荒れ地・林の縁・河原の土手
◇花・果実の時期　7〜10月

ツルドクダミ　つる性の多年草。葉は互生、長さ3-9㎝幅2-6㎝。花被は径2㎜。果実は長さ2-2.5㎜。写真：左下＝花時

イタドリ　多年草。高さ30-150㎝。葉は互生、長さ6-15㎝幅5-9㎝。雌雄別株。果実は長さ0.6-1㎝。写真：右上＝花時、右下＝果実、左上＝メイゲツソウ

イタドリとツルドクダミ

虎杖／別名スカンポ・タジイ・サイタズマ、蔓蕺／カシュウ
タデ科　イタドリ *Reynoutria japonica*
ツルドクダミ *Fallopia multiflora*

新しくできた島や火山の溶岩が流れた跡地など、繁殖のもとになる種《たね》や根茎などがまったくない場所には、まずどのような植物が入り込むのだろう。やはり、いち早く入り込むのは風散布の種《たね》である。入り込んだ植物全体の70％を占めていたという調査結果もある。

そこではまず、コケの仲間が入った後、ススキやイタドリの仲間が入り、木ではカンバやヤナギの仲間が目立つという。イタドリもツルドクダミも、果実は三稜のある卵型で、いずれも萼《がく》が発達したもので、それがプロペラの役目をして風に飛びやすい。

◇**分布**　北海道～九州・奄美大島、朝鮮、中国、台湾、
ツルドクダミは中国原産、本州～九州に見られる

◇**よく見る場所**　公園・空き地・土手・崩壊地
ツルドクダミは道端・歩道の植込み

◇**花・果実の時期**　7～10月、ツルドクダミは8～10月

ソバ　一年草。高さ1mほど。葉は互生、長さ3-7㎝。花は径6㎜ほど。果実は長さ6㎜ほど。写真：右上＝ソバの果実、右下＝シャクチリソバの果実、左＝ソバの花

ソバ

蕎麦
タデ科
Fagopyrum esculentum

ソバは比較的寒い地域でも栽培でき、収穫期までの期間が短いうえに、種《たね》に大量の澱粉が含まれるため、食用に栽培されてきた。秋の新蕎麦が出回る頃には、日本や旧ソ連など北半球で作られるソバが多いが、最近では南半球のタスマニアでもソバが作られるようになったため、春でもおいしい新蕎麦を食することができる。同じ仲間のシャクチリソバが野生化しているが、現在輸入される蕎麦粉にはダッタンソバものが多いらしい。ソバの種《たね》は、高血圧を予防するルチンを多く含み、たんぱく質、ビタミンC・Eなどに富み、栄養価が高い。蕎麦殻は枕にし、また花はミツバチの蜜源植物としても重要である。

◇**由来**　中央アジア～中国東北部原産
◇**よく見る場所**　畑・花壇
◇**花・果実の時期**　7～8月

ヤブツバキ　常緑高木。高さ15mほど。葉は互生、長さ6-12cm幅3-7cm。花は径5-7cm。果実は径2-2.5cm。写真：右＝花時、左上＝果実、左下＝裂開した果実と種

ヤブツバキ

藪椿／別名ツバキ・ヤマツバキ
ツバキ科
Camellia japonica

艶やかな葉と花が日本人に好まれ、花の色や花容が異なる何百種類もの園芸品種が作られている。秋、果実が成熟すると、皮が3つに裂開し、中から3～4個の種《たね》が出てくる。種《たね》を絞って採るツバキ油は非常に有名で、髪油やてんぷら油として用いる。ツバキのように種《たね》そのものが重く、風で揺らされてばらまかれるようなタイプを、「重力散布型種子」としている。最近は、果実が非常に大きくなるリンゴツバキという種類も見かけるようになった。子どもの頃、ツバキの種《たね》をコンクリートにこすりつけて穴を開け、釘で中身をほじり出し笛を作って遊んだことを思い出す。

◇**分布**　本州～九州・沖縄、中国、台湾
◇**よく見る場所**　公園・庭園・庭・街路
◇**花の時期**　11～12月、2～4月
◇**果実の時期**　10月、黒褐色に熟す

ツバキ科の花と果実

チャノキ　常緑低木。高さ1-2m。葉は互生、長さ5-9㎝幅2-4㎝。花は径2-3㎝。果実は径1㎝ほど。写真：右上＝種、左上＝裂開した果実

ナツツバキ　落葉高木。高さ15m径60㎝ほど。葉は互生、長さ4-10㎝。花は径3-4㎝。果実は長さ2㎝幅1.5㎝ほど。写真：左中上＝花

モッコク　常緑高木。高さ10-15m径80㎝。葉は互生、長さ4-6㎝幅1.5-2.5㎝。花弁の長さ8-10㎜。果実は径1-1.5㎝ほど。写真：右中下＝花時、左中下＝裂開した果実

ヒサカキ　常緑高木～低木。高さ4-7m。葉は互生、長さ3-7㎝幅1.5-3㎝。花は径2.5-5㎜。果実は径4㎜ほど。写真：左下＝果実時

ボタン科の花と果実

ボタン　落葉低木。高さ3m径15㎝ほど。葉は互生、2回3出複葉。花は径10-20㎝。写真：右上＝八重咲きの園芸品種、左上＝果実

シャクヤク　多年草。高さ60㎝ほど。葉は互生、2回3出複葉。花は径10㎝ほど。写真：左中＝八重咲きの園芸品種

ヤマシャクヤク　多年草。茎は高さ30-40㎝ほど。葉は互生、2回3出複葉。花は径4-5㎝。果実は長さ2.5-3.5㎝。写真：右下＝花時、左下＝果実

キーウィ　落葉つる性木本。葉は互生、長さ5-17㎝ほど。雌雄別株。雌花は径3-4㎝、雄花は少し小さい。果実は長さ3-8㎝。写真：右上＝雌花、右下＝果実の断面、左上＝果実時、左下＝サルナシの果実

キーウィ

Kiwi berry／別名オニマタタビ・シナサルナシ

マタタビ科

Actinidia chinensis

あるシェフの話では「黒い種《たね》をつぶすと苦味が出ます」ということで、キーウィの果肉はミキサーにかけず、スプーンの裏側でつぶすといいらしい。別名「エメラルドフルーツ」とも呼ばれる果肉の緑色は、熱に弱く、ジャムにすると薄茶色に変色し、酸味や香味も失われやすいため、生で用いるほうがよい。日本の山野に自生するサルナシやマタタビも近縁種。日本には、一九七〇年頃本格的に導入され、特に愛媛・福岡・静岡・和歌山などのミカン産地で栽培が多い。「中国スグリ」の別名もあり、ニュージーランドで改良が進んだ後、世界中の食卓に上るようになった。

◇**由来**　中国原産種から改良された果樹
◇**よく見る場所**　庭
◇**花の時期**　5月下旬頃、香りがある
◇**果実の時期**　晩秋、茶褐色に熟す。食べられる

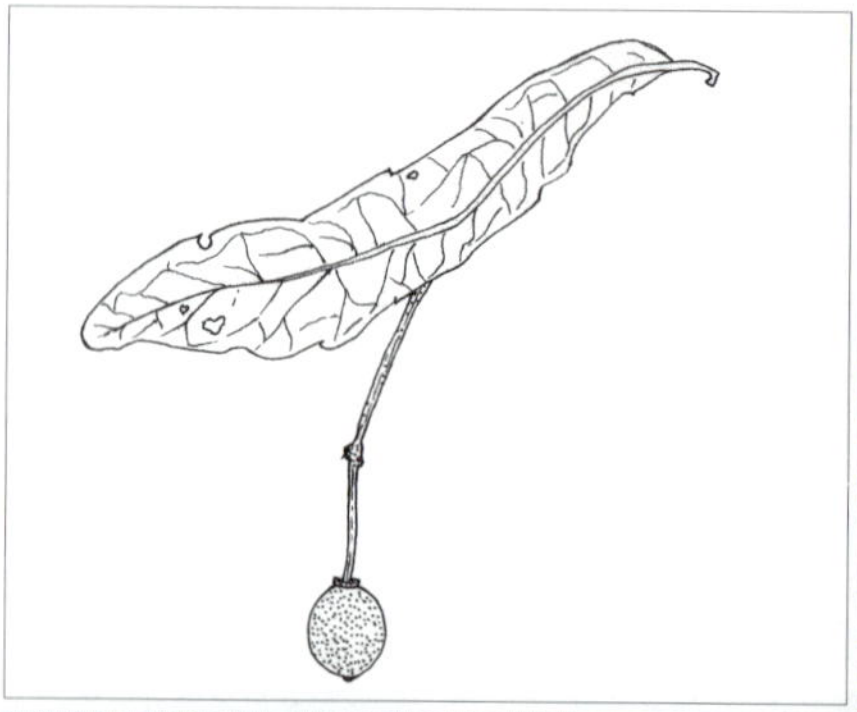

ボダイジュ　落葉高木。高さ20m径60cmほど。葉は互生、長さ5-10cm幅4-8cm。花穂の長さ8-10cm。果実は径7-8mm。写真：右＝花時、左上＝オオバボダイジュの果実、左下＝乾燥した果実

ボダイジュ

菩提樹
シナノキ科
Tilia miqueliana

植物園のボダイジュの木のそばに行くと、枯れて飛ばされたプロペラつきの果実を拾える。ただ、プロペラも果実も落ち葉と同じ茶色でカモフラージュされているので、まるで宝探しをするようだ。普通、風散布の植物は欲張らずに、プロペラ1つに果実が1つという場合が多いのだが、ボダイジュは2個も3個も果実をつけている。高さ20mにもなる高木で、親元から旅立つ果実は、翼によってくるくる回りながら落下する。それには落下の衝撃を和らげるパラシュートのような働きと、回転しているうちに果実を風に乗せて散布距離を伸ばすという、二つの利点がある。

◇**由来**　中国原産
◇**よく見る場所**　公園・寺院・神社
◇**花の時期**　6月、よい香りがある
◇**果実の時期**　10月、灰褐色に熟す

アオギリ　落葉高木。高さ10-15m径30-60㎝。葉は互生、長さ幅とも16-22㎝。雌雄同株。花穂の長さ20-50㎝。果実は長さ7-10㎝。写真：右上＝果実時の樹形、右下＝花時、左＝裂開した果実

アオギリ

青桐／漢名梧桐
アオギリ科
Firmiana simplex

アオギリの果実は袋状で、初め、袋の中にはコーラ色の液体が入る。裂開した果実の皮は、風散布の際に旋回しながら落下する助けになる。種《たね》は径4～6㎜、食べたことがあるという人もいる。チョコレートなどにするカカオと同じアオギリ科だから、同じような味がするのだろうか。玩具の「ふきあげパイプ」の要領で、舟形に裂けた果実の皮に種《たね》を入れてそっと息を吹きかけて種《たね》を回すと、ちょっとした遊びにもなる。この舟形部分が葉脈だけになったものを何枚か重ねてランプシェードにしているのを見かけた。どんな芸術作品も、この自然の造形にはかなわない。

◇**分布**　奄美大島・沖縄、台湾、中国南部
◇**よく見る場所**　公園・庭園・街路
◇**花の時期**　5～7月
◇**果実の時期**　9～10月、灰褐色に熟す

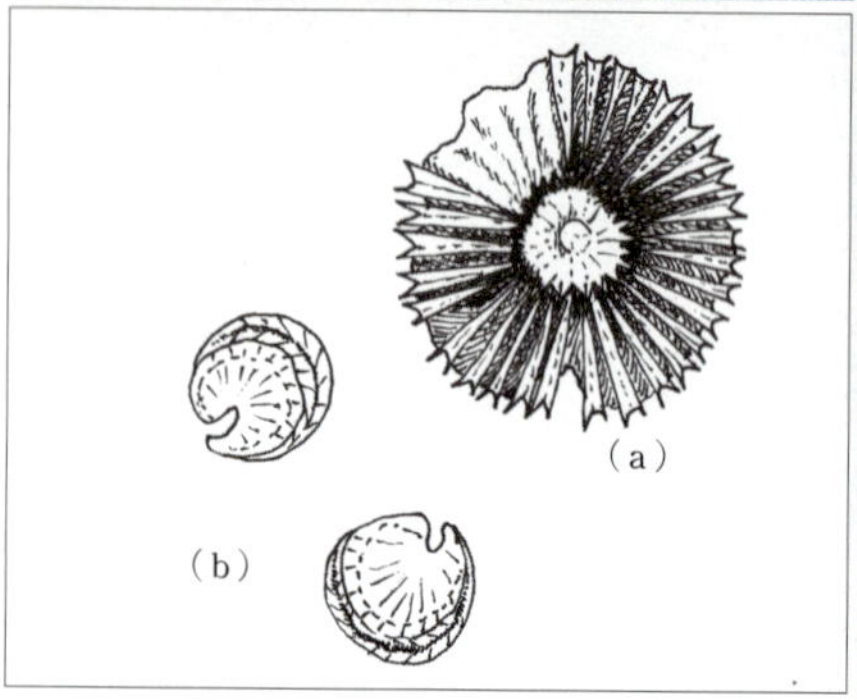

ゼニアオイ　二年草。茎は高さ60-150㎝。葉は互生、径7-13㎝で縁は5-9個に浅く裂ける。花は径2.5-3㎝。果実は径8㎜ほど。写真：右＝花時、左上＝果実、左下＝果実（a）と種（b）

ゼニアオイ

銭葵
アオイ科
Malva sylvestris var. *mauritiana*

ゼニアオイという名はどこから来たのだろうか。花の形を銭に見立てたという説もあるが、本当は果実の形から来ているのではないだろうか。ゼニアオイは、平たい円盤状の種《たね》がドーナツ状に集まり、並んでいる。それはまるで紐で銭をくくって輪にしたような形だ。実家の庭の片隅に知らないうちに生えてきて、刈っても刈ってもまた翌年には、元気に花をつけていた。種《たね》が薄く平べったいため、どこかの庭から風で飛ばされてきたのかもしれない。子どもの頃には、葉っぱをお皿代わりにしてままごとをしたり、花で色水を作ったりしてよく遊んだものだ。

◇**由来**　南ヨーロッパ原産、北海道〜沖縄に見られる
◇**よく見る場所**　公園・庭・人家のまわり・道端
◇**花・果実の時期**　8〜10月

フヨウ　落葉低木。高さ1-3m。葉は互生、長さ幅とも10-20㎝。花は径10-13㎝。果実は径2.5㎝ほど。
写真：右上＝果実時、右下＝裂開した果実、左＝花時

フヨウ

芙蓉／別名ハチス・キハチス／漢名木芙蓉
アオイ科
Hibiscus mutabilis

フヨウの果実は直径2.5㎝ほどの球形で、熟すると5つに裂ける。表面に生える長い毛には、星状毛と線毛がまじっている。種《たね》は、長さ2㎜ほどの腎臓形で淡褐色。一つ一つの種《たね》に長い毛が生えているせいで、種《たね》がよく乾燥し、しかも種《たね》どうしがくっつかないようになっている。裂ける前の青い果実を採取して、リースなどのデコレーションに用いることもできる。寒い冬の最中でも、見るからに暖かそうな花かごから、風によってあらゆる方向に少しずつ種《たね》をこぼれるように落とす。その姿はまるで、旅立つ子どもをいとおしむかのようだ。

◇**由来**　中国中部原産
◇**よく見る場所**　庭園・庭
◇**花の時期**　7〜10月、香りがある
◇**果実の時期**　秋、褐色に熟す

オクラ　一年草。高さ1-2m。葉は互生、径30cmほど。花は径8-9cm。果実は長さ7.5-20cm。写真：左上＝花、左下＝果実

トロロアオイ　一年草。高さ1.5-2.5m。葉は互生、5-9裂、長さ45cmほど。花は径10-18cm。果実は長さ6cmほど。写真：右上＝花、右下＝果実

オクラとトロロアオイ

Okura／別名アメリカネリ・オカレンコン、黄蜀葵
アオイ科　オクラ *Abelmoschus esculentus*
トロロアオイ *A. manihot*

オクラはアフリカ原産だが、中近東で二次的な分化を遂げた。そこでは今でも、飢饉のときにはオクラが救ってくれるという伝説があるそうだ。江戸時代に日本に移入し、一九七〇年代に生産が急速に伸びた。美しい黄色い花の後、五稜形の濃緑色の果実ができる。果実には紅色、黄色もある。この果実には糖質が多く、カルシウム、鉄、カロチン、ビタミンCなどを含む。下茹での後、和え物、サラダ、バター炒めなどにする。トロロアオイは根から出るぬめりを、和紙の繊維のつなぎに利用する。どちらも、果実の入れ物が3裂し、種《たね》がこぼれ落ちて散布される。

◇由来　オクラはアフリカ東北部原産、トロロアオイは中国原産
◇よく見る場所　庭・花壇・畑
◇花・果実の時期　夏〜秋

ワタ　多年草。高さ1-3mほど。葉は互生、3-5裂。花は径5-7㎝ほど。果実は長さ3-4㎝。写真：右上=花、右下・左上=裂開した果実、左下=種

ワタ

棉
アオイ科
Gossypium

人間にとって非常に有用な植物である。ワタから取れる綿花はまず糸にし、織物を織り、残った種《たね》の核を絞って綿実油を作る。この油は缶詰の油漬けや、マヨネーズ、マーガリン、ショートニングなどの原料として用いる。綿殻は花のように見え、クラフト材料としても楽しめる。果実は熟すると3～5個に裂け、中から綿毛が現れる。指で探ってみると、中に大きめの種《たね》がある。晴天が続き、綿毛が乾燥してくるとふっくらとほつれ、風で飛ばされた後、地面を転がるようにしてほかの場所へと散布される。綿毛は繊維が緻密なため、野生動物の食害を防いだり、雨に濡れると地面に張りつき、定着するのにも役立つ。

◇**由来**　野生種の交雑によりつくられた園芸種

◇**よく見る場所**　花壇・鉢植え

◇**花・果実の時期**　夏

イイギリ　落葉高木。高さ10-15m径40-50㎝。葉は互生、長さ10-20㎝幅8-20㎝。雌雄別株。花穂の長さ20-30㎝。果実は径8-10㎜。写真：右＝果実時、左＝花時（雄花）

イイギリ

飯桐／別名イギリ・トウセンダン・ナンテンギリ
イイギリ科
Idesia polycarpa

果実の姿がナンテンの果実に似ているため「ナンテンギリ」ともいわれ、晩秋になると、ブドウの房のようにたくさんの赤い果実が枝からぶら下がる。学名のpolycarpaはpoly「多い」とcarpa「果実」の意味で、多くの果実をつけることによる。直径1㎝ほどの果実の中にある種《たね》を数えてみたら、80個前後も入っていた。「イイギリは鳥も食べないまずい実」といわれるが、冬の終わり頃には、ヒヨドリが、ますます赤みが冴えた果実をついばんでいる姿が見られる。以前、北に種《たね》を散布したいと思っている植物は、渡り鳥が北国に帰る頃に甘くなる戦略を取っていると聞いたことがある。

◇**分布**　本州～沖縄、朝鮮、中国、台湾
◇**よく見る場所**　公園・庭園・校庭
◇**花の時期**　4～5月、よい香りがある
◇**果実の時期**　10～11月、赤く熟す

Tea Time

アリのごちそう

スミレは、花の形が大工道具の「墨入れ」に似ていることから名づけられたという。道端に生える多年草で、春、長い柄の先に濃紫色の花を横向きにつける。花びらは5枚。「菫色」というように、色名に花の名がそのままつくほど紫色が印象的。

スミレ属は、日本には約60種が分布しているが、なかでも都市周辺にはスミレ・ヒメスミレ・コスミレ・タチツボスミレ・ツボスミレが見られる。また、観賞用に導入されたヨーロッパ原産のニオイスミレや、北アメリカ原産のアメリカスミレサイシンなども野生化している。

スミレ一種

スミレの仲間の多くは、花が次々と咲いて種《たね》を作り、その後さらに保険として、閉鎖花による「クローン種子」も作る。これらの種《たね》は、自動散布とアリ散布という二重散布方式を取り、散布の距離を伸ばしている。

また、スミレの果実は、地面からなるべく高い位置に飛び出すようについて、また、皮を堅くすることで、ナメクジなどの食害を防いでいる。

タチツボスミレの花と果実と種

果実が熟すると3つに裂けて、果皮は舟形になるが、中の種《たね》は果皮で堅く挟まれていて容易には外れない。つまり、十分に熟し、弾き飛ばされてから運んでほしいのだ。アリの巣周辺の土は、よく耕されていて湿り気もあり、また窒素分やリンを含むアリの排泄物や、集めて捨てた食べカスなどのために非常に栄養に富んでいる。スミレにとっては定着しやすく、生長に適した場所なのである。都会という環境下で、昆虫との協力関係を築いて生き延びている姿を知ると、人間も何か学ばされるようだ。

スミレの果実と種

トケイソウ　つる性常緑木本。葉は互生、幅10-17㎝、掌状に5-9裂する。花は径10㎝ほど。果実は長さ5-6㎝。写真：右＝トケイソウの花、左＝パッションフルーツ

トケイソウ

時計草
トケイソウ科
Passiflora caerulea

小笠原に住む友人から、クダモノトケイソウ（パッションフルーツ）の果実が届いた。カラスウリのような薄い皮を恐る恐る開けてみると、黄色いゼリー状の果肉が表れ、味見をすると非常に酸っぱかった。好んで生食する人もいるようだが、甘味を加え、ジャムやジュースにするとよいようだ。庭先に植えられるトケイソウにつくやや小ぶりの果実は、残念ながら食べることはできない。果実の中にある多数の黒い種《たね》のまわりにつくゼリーは発芽抑制物質になって、これがなかなか取れにくい。発芽させたいときなどは、目の細かいネットに入れて、水で洗い流すとよい。

◇**由来**　南アメリカ原産
◇**よく見る場所**　庭・石垣・フェンス
◇**花の時期**　夏
◇**果実の時期**　夏〜秋

アレチウリ　つる性の一年草。茎は長さ数m。葉は互生、径10-20cm。雌雄同株、別花序。雄花は径1cmほど。果実は長さ1cmほど。写真：右上＝雄花、右下＝土手を覆うつる、左＝果実

アレチウリ

荒れ地瓜
ウリ科
Sicyos angulatus

一九五二年に静岡県清水港で初めて発見された外来植物。輸入穀物の大豆に混じっていた種《たね》がもとで広まったが、繁殖力が強く、在来の植物を覆うように繁茂しているところもある。茎の長さは最大25mにもなるといわれている。果実は、長卵形の液果が数個集まってついているので、金平糖のように見える。軟毛と刺《とげ》が密生した果実のなかには、種《たね》が1個入っている。河川敷などに大群落をつくるほか、畑などに発生して問題になっている。安易に引き抜こうとすると、軍手も通すほど堅い針で手を傷つけてしまうこともある。

◇由来　北アメリカ原産、北海道～九州に見られる
◇よく見る場所　道端・線路脇・河川の土手・空き地
◇花・果実の時期　夏～秋

カラスウリ　つる性の多年草。葉は互生、長さ幅とも6-10㎝ほど。雌雄別株。雄花の花序は2-10㎝ほど。果実は長さ5-7㎝。写真：左下＝種

キカラスウリ　つる性の多年草。葉は互生、3-7裂。雌雄別株。雄花の花序は長さ10-20㎝、果実は長さ7-10㎝。写真：右上＝果実時、右下＝種、左上＝花

カラスウリとキカラスウリ

烏瓜／別名タマズサ、黄烏瓜／別名ウカイ
ウリ科　カラスウリ *Trichosanthes cucumeroides*、キカラスウリ *T. kirilowii* var. *japonica*

春から夏にかけて、まるで波長を表すグラフのように上へ、下へとつるを張り巡らせて生長する。秋、葉が枯れ始め、赤い果実をぶら下げる頃には、その様子がとてもよくわかる。果実の中にある黒い種《たね》が結び文（恋文）のような形をしていることから、古名を玉章《たまずさ》という。しかし、現代っ子たちは「わー、カマキリの顔みたい！」と必ずいう。種《たね》や根、果実を薬用に用いるが、幼い頃あかぎれに塗ったことがある。キカラスウリは果実が黄色く熟する。この根から採れる「天花粉」は昔、あせもの薬として用いられた。どちらも肌に優しい植物なのかもしれない。

◇**分布**　カラスウリは東北〜九州、中国大陸の一部、キカラスウリは北海道〜九州、奄美大島
◇**よく見る場所**　人家のまわり・林縁・薮・河川敷
◇**花・果実の時期**　8〜9月、果実は10月頃熟す

ツルレイシ つる性の多年草（日本では一年草）。葉は互生、5-9個に深く裂ける。花は径2㎝ほど。果実は長さ15㎝前後～50㎝ほど。写真：右上＝花、右下＝裂開した果実、左＝果実時

ツルレイシ

蔓茘枝／別名ニガウリ
ウリ科
Momordica charantia

沖縄料理「ゴーヤチャンプルー」の材料としても知られているとおり、若い未熟な果実を野菜として利用し、地方によってゴーヤ、ニガゴリ、ニガウリなどさまざまな呼び名がある。ツルレイシの名は、つる性の植物に実るレイシ（ライチー）という意味である。最近、庭先で栽培しているのをよく見かける。花は初夏から夏に咲き、甘いよい香りを漂わせる。果実は初め緑色。しかし、熟すと黄色くなり、裂開して種《たね》がぶら下がる。種《たね》は赤い果肉に包まれていて、鳥の目を引くので、鳥散布かもしれないが、実際の現場を見たことがない。この赤い果肉は甘くて食べられるという。

◇**由来** インド原産
◇**よく見る場所** 生垣・鉢植え・畑
◇**花・果実の時期** 夏、花には香りがある

ヒョウタン　つる性の一年草。葉は互生、長さ幅とも10-35㎝ほど。雌雄同株。雄花は長さ2㎝ほど。果実は大きさに変異がある。写真：右＝若い果実、左上＝種、左下＝加工したヒョウタン

ヒョウタン

瓢箪
ウリ科
Lagenaria siceraria var. *gourda*

ヒョウタンの果実は完全に熟すると果皮が堅くなり、中身を抜いたものは軽くて丈夫なため、器などいろいろな道具に用いられる。アフリカでは、「ビリンバブウ」という楽器の共鳴器として用いるそうだ。乾いた大地にも生えるので、非常に古い時代から、世界中のいろいろな民族が利用している。

細工物を作るには、いろいろな方法があるが、一つは、まずへたを取り、穴を開け、砂を入れて中身をつつき崩す。その後、種《たね》を出し、水道水の塩素を利用しながら半月ほどあく抜きするのだが、その際、悪臭が発生する。2～3回水をかえた後、逆さにして天日に干す。すっかり乾燥したらできあがりだ。

◇**由来**　熱帯アフリカ原産といわれ、広く栽培される
◇**よく見る場所**　庭・畑
◇**花・果実の時期**　夏～秋

菜園で見られるウリ科の花と果実と種

カボチャ　右上＝花、右下＝種、左＝果実

メロンの種

スイカ

ヘチマの若い果実

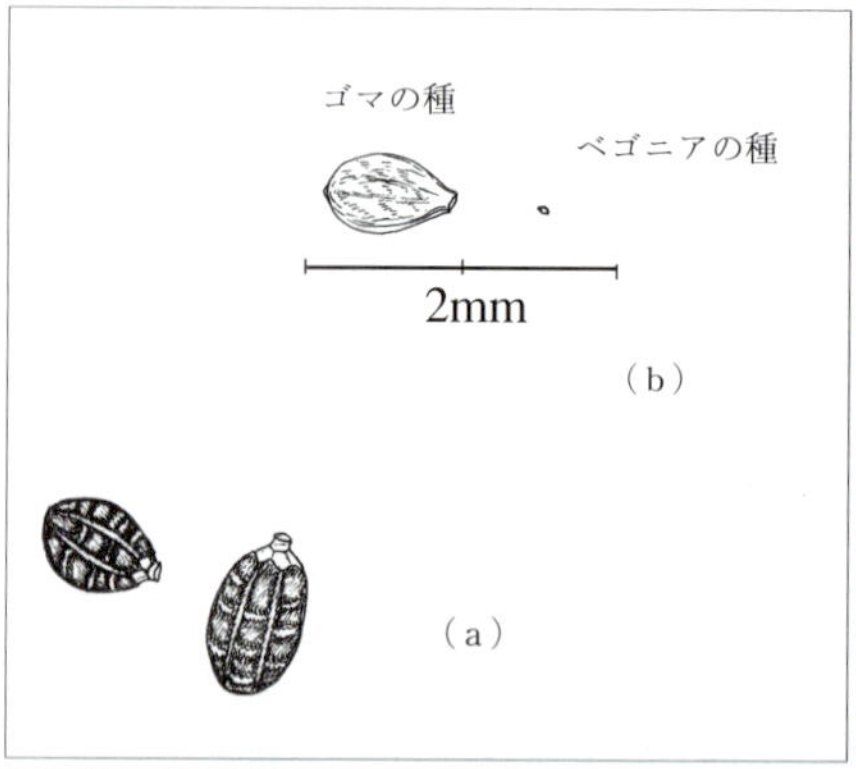

四季咲きベゴニア　常緑多年草。高さ20㎝前後から。葉は互生。雌雄同株。花は径3㎝ほど。果実は長さ1㎝ほど。写真：右上＝雄花、右下＝雌花、左上＝種（a）、ゴマの種との比較（b）、左下＝果実

四季咲きベゴニア

Bedding begonia

シュウカイドウ科

Begonia × semperflorens-cultorum

よく小さいことをたとえて「けし粒のよう」というが、ケシの種《たね》は5 mlあたり約3万粒。ところが、ベゴニアの種《たね》は5 ml中に約15万粒も入っている。ミクロサイズの種《たね》だ。世界最大の種《たね》はフタゴヤシで、長さ40 cm、重さ20 kgもあり、楕円形が二つくっついたような形をしている。驚くのは、フタゴヤシのように大きな種《たね》でもベゴニアのような小さな種《たね》でも、「どのように育つべきか」というプログラムが、きちんとそれぞれの遺伝子情報に組み込まれていることだ。どのように生き延び、子孫を残し、危機に対処するか。細かい情報まで伝達されていく様に、神秘性を感じずにはいられない。

◇**由来**　交配により育成された園芸品種
◇**よく見る場所**　庭・植込み・鉢植え
◇**花・果実の時期**　夏を中心にほぼ一年中

マメグンバイナズナ　一～二年草。茎は高さ15-60㎝。根出葉は長さ5-15㎝。花弁は長さ0.8㎜ほど。果実は長さ2-4㎜。写真：左＝果実時

ナズナ　二年草。茎は高さ10-50㎝。根出葉は長さ10㎝ほどまで。花弁は長さ2㎜ほど。果実は長さ5-8㎜。写真：右＝果実時

ナズナとマメグンバイナズナ

薺／別名ペンペングサ、豆軍配薺／別名コウベナズナ
アブラナ科　ナズナ *Capsella bursa-pastoris*
マメグンバイナズナ *Lepidium virginicum*

ナズナは春の七草の1つで、正月の七草粥にも入れる。果実は長さ6～7㎜の倒三角形で先端がへこむ。2つに割れ、種《たね》がこぼれる。軸茎にぶら下げるように果実を引き下ろし、軸をもって回すと、果実どうしが触れ合って音がする。果実の形が三味線の撥《ばち》に似ているので、その音色から「ペンペン草」とも呼ばれる。学名のbursa-pastorisは「羊飼いの袋」という意味。聖書中でダビデが、神の後ろ盾を得て巨人ゴリアテを倒すため、奔流の谷から5つのごく滑らかな石を選んで入れた袋がそれである。実の形からわくイメージが、国民性により見事に違うものだと感じる。

◇**分布**　ナズナは日本全土、北半球、マメグンバイナズナは北アメリカ原産、日本全土で見られる
◇**よく見る場所**　公園・道端・空き地・河川敷
◇**花・果実の時期**　2～6月、マメグンバイナズナ5～6月

ショカツサイ　一～二年草。茎は高さ20-50㎝。葉は互生、長さ3-8㎝幅1.5-3㎝。花は径3㎝。果実は長さ7-10㎝。写真：右＝花時、左＝果実

ショカツサイ

諸葛菜／別名オオアラセイトウ・ハナダイコン・シキンサイ
アブラナ科
Orychophragmus violaceus

中国、三国時代の蜀で活躍した軍師諸葛孔《しょかつこう》明《めい》が種《たね》を持ち歩き、戦さに行った先々で野菜とするためにこの種《たね》を播いたため、陣を張ったところを中心に咲くようになったと言われる。人為散布の最たるもの。播けばすぐ発芽し、野菜として収穫するまで短期間ですむ。こうした植物は重宝されたに違いない。野菜としてだけではなく、このショカツサイの花は、群生すると非常に美しいことから、人から人へと種《たね》が渡り、人為散布されていったと考えられる。種《たね》の形は丸くて小さく、容易に指のあいだからこぼれ落ちてしまうため、知らないあいだに庭の片隅から生えてくるように思える。

◇**由来**　中国原産、ほぼ日本全土で見られる
◇**よく見る場所**　庭・人家のまわり・道端・土手
◇**花・果実の時期**　3～5月

カキ　落葉高木。高さ10mほど。葉は互生、長さ7-15㎝幅4-10㎝。雌雄雑居性。花は長さ8㎜ほど。果実は形・大きさともに多様。写真：右上＝花時、右下＝種、左＝果実時

カキ

柿／別名カキノキ
カキノキ科
Diospyros kaki

カキには甘柿と渋柿があり、甘柿では「富有」「次郎」、渋柿では「甲州百目」「平核無」などを代表に、たくさんの品種がある。渋柿のタンニンは、たんぱく質と結びつく力が強いため、日本酒を作る際の清澄剤（澱《おり》引き）として用いられる。熟しきった柿では、種《たね》がゼリー状の物質で包まれている。これはカラスなど大型の鳥につつかれたり、野生動物に食べられたりしても、種《たね》が傷つかないよう守るため。また、果肉には種《たね》の発芽を抑制する物質が含まれる。それを甘くし、動物に食べてもらうことで、種《たね》は外界に出ることができ、さらに遠くまで運ばれる。

◇**分布**　本州・四国・九州、朝鮮、中国
◇**よく見る場所**　庭
◇**花の時期**　5～6月
◇**果実の時期**　10～11月、黄赤色に熟す

マンリョウ　常緑低木。高さ30-100㎝。葉は互生、長さ7-15㎝幅2-4㎝。花は径8㎜ほど。果実は径6-8㎜。写真：右＝果実時、左上＝花時、左下＝シロミノマンリョウ

マンリョウ

万両
ヤブコウジ科
Ardisia crenata

マンリョウとセンリョウの見分け方がよく話題になる。私の先生は「お札で覚えなさい」とユニークだ。葉の上に果実を突き出すようにつけるセンリョウは千円札に、葉の裏に隠れるようにして実のなるマンリョウは、財布の奥に隠しておく一万円札にたとえるというのだ。ちなみに、果実の量をお金にたとえた植物は、一両はアリドオシ、十両はヤブコウジ、百両はカラタチバナ、それに千両（センリョウ）、万両（マンリョウ）と続く。冬の寒い時期に赤い果実をつけるこれらの植物は、人の観賞用だけでなく、鳥にとっても餌の少ない時期に貴重な食料となる。

◇**分布**　本州（関東以南）～沖縄、朝鮮、中国～インド
◇**よく見る場所**　庭園・庭・鉢植え
◇**花の時期**　7月
◇**果実の時期**　晩秋、紅色に熟す

ハクウンボク　落葉高木。高さ6-15m径20-25㎝。葉は互生、長さ10-20㎝。花は径1.5-2㎝。果実は長さ1.5㎝ほど。写真：左下＝果実

エゴノキ　落葉高木。高さ7-8m径10-20㎝。葉は互生、長さ4-8㎝幅2-4㎝。花は径2.5㎝ほど。果実は長さ1㎝ほど。写真：右上＝果実、右下＝種、左上＝花時

エゴノキとハクウンボク

別名チシャノキ・ロクロギ、白雲木／別名オオバヂシャ
エゴノキ科
エゴノキ *Styrax japonica*、ハクウンボク *S. obassia*

エゴノキの花は木の下から眺めると、真っ白な花がとても美しい。エゴノキやハクウンボクの花は花柄が長く下向きに咲く。明治神宮の森での観察会で、水面に映った満開のエゴノキの、合わせ鏡のようなシンメトリーの美しさに感嘆の声が上がった。未熟な果実に含まれるエゴサポニンを、魚毒に用いる。川に流し、魚が浮いてきたところを一網打尽！その魚を調理して食しても、人間には害がないというから驚きだ。釣り餌屋で見つけたたくさんの種《たね》は店の主人に尋ねると、種《たね》の中に住む幼虫を釣り餌にするのだという。

◇分布　北海道（日高地方）～沖縄、朝鮮、中国
ハクウンボクは北海道～沖縄、中国
◇よく見る場所　公園・庭園
◇花の時期　5～6月、よい香りがある
◇果実の時期　8～9月、緑白色に熟す

トベラ　常緑低木または高木。高さ2-3m。葉は互生、長さ5-8cm幅1.5-2.5cm。雌雄別株。花は径2cmほど。果実は径1-1.6cm。写真：右＝裂開した果実、左＝花時

トベラ

別名トビラノキ・トビラギ
トベラ科
Pittosporum tobira

トベラは海浜性の低木で、果実が熟すると3裂し、中からベタベタした赤い種《たね》が現れる。見るからに鳥の好きそうな種《たね》だが、この赤い部分は「果実擬態」で、まったく栄養がない。普通、鳥散布の植物はおいしい果肉を鳥に与え、鳥は植物の種《たね》を遠くまで散布させることで双方が利益を得る相利共生の関係にある。トベラの場合は赤い色で鳥をだまし、何も与えずちゃっかり種子散布だけしてもらう片利共生であるといえる。トベラは、仮種皮の薄い膜を作るという最小限のエネルギーだけで子孫を繁栄させている、いわば賢い倹約家のような植物だ。

◇**分布**　本州（岩手・新潟以南）～沖縄、朝鮮、中国
◇**よく見る場所**　公園・庭園・庭・街路・社寺林
◇**花の時期**　4～6月、香りがある
◇**果実の時期**　11～12月、黒褐色に熟す

フサスグリ　落葉低木。高さ1mほど。葉は互生、長さ幅とも3-8㎝。花序は長さ5-10㎝。果実は径7-8㎜。写真：左＝果実時

セイヨウスグリ　落葉低木。高さ1mほど。葉は互生、長さ幅とも2-2.5㎝。花序の長さ1㎝ほど。果実は径8-12㎜。写真：右＝果実時

セイヨウスグリとフサスグリ

西洋酸塊／別名マルスグリ、房酸塊／別名アカスグリ
スグリ科
セイヨウスグリ *Ribes uva-crispa*、フサスグリ *R. rubrum*

スグリ（酸塊）の語源は、酸っぱい塊《くり》によるという。果実のつき方により、スグリとフサスグリの2つのグループに分けられる。よく見られるのはセイヨウスグリで「グーズベリー」ともいう。フサスグリは「カラント」とも呼ばれ、レッドカラント、ブラックカラント（カシス）に分かれる。生食のほか、パイやタルトなどやワインの色づけ、シロップ、ジュース、ジャムにもなる。日本自生のスグリは「スグリ藪」といわれるほどに広がり、赤い果実がなると、さらによく目立つ。低木なので、子どもたちが摘むにはよい高さだ。

◇由来　セイヨウスグリはユーラシア・北アフリカ原産
フサスグリは西ヨーロッパ原産
◇よく見る場所　庭・生垣
◇花の時期　5～6月、フサスグリ4～5月
◇果実の時期　夏

Tea Time

命をつなぐ知恵 バラ科の果実

日本の春といえば、バラ科の百花繚乱です。1～2月頃ウメが咲き、続いて3～4月にサクラ、4月にはモモと、次から次へと競うように咲き乱れ、春を彩っていきます。日本人にとって春の風物詩ともなっているこの風景ですが、咲いた後は、もちろん果実が実るわけで、それは鳥や動物たちにとって非常にありがたいことなのです。

ヘビイチゴの果実

バラ科の植物は時期を少しずつずらしながら果実をつけます。春、早いうちにできる果実は、草ではヘビイチゴ（4～6月）から始まり、木ではカジイチゴ（4～5月）それ以降ウワミズザクラ（4～6月）、サクラの仲間（5～6月）、ビワ（6～7月）、ハマナス（8～10月）、ナナカマド、ピラカンサ（10月）、ノイバラ（9～11月）と続きます。こうして動物たちの食物は、途切れることなく供給されます。

カジイチゴの果実

植物を主体に考えると、「植物が動物を利用して種を散布させている」と思いがちですが、鳥や動物からすれば、「植物の作りだす果実によって命をつないでいる」のも事実です。しかし、このバラ科の植物の実り方、ひいては自然界全体の仕組みをみると、何かを与えたり何かをしてもらったりという利害関係を超えた大きなサイクルがあることに気づきます。

人間は食べるために働かなくてはなりません。一方、鳥や動物たちは自分が食べるために農耕や商売や労働をするわけではありませんが、何の心配もないほど豊かに食物を与えられています。なぜなら、彼らはただ生きているわけではなく、植物の種《たね》を運ぶことで、自然環境の保全という大きな仕事の一端を担っているからです。すべてが何とうまくできているのだろうと驚嘆せずにはいられません。

オオシマザクラ　落葉高木。高さ15m径1-2m。葉は互生、長さ9-12cm幅6.5-8cm。花は径4.2-4.5cm。果実は径1.1-1.3cm。写真：右上＝花、右下＝種、左＝果実時

オオシマザクラ

大島桜
バラ科
Prunus speciosa

大気汚染に強いため、最近はオオシマザクラが公園や街路樹に植栽されることがある。もともとは伊豆諸島特産の植物。花はサクラの仲間では大きいほうなので、見栄えがする。葉の両面に毛がなく、塩漬けにして桜餅に添える。あの独特の香りは、オオシマザクラの葉に含まれるクマリンという成分だ。サクラの仲間の果実は、熟すにつれて赤色になり、最後は黒紫色となる。一房に4〜5個つき、時間差で熟するため、全体的に見るとうまく赤と黒が混在している。これは「二色効果」といって、植物が2つの色を上手に使い、鳥の目を引くことをいう。

◇**分布**　伊豆諸島特産
◇**よく見る場所**　公園・庭園
◇**花の時期**　3月下旬〜4月上旬、香りがある
◇**果実の時期**　5〜6月、黒色に熟す

モモ　落葉高木。高さ2-5m径30cmほど。葉は互生、長さ8-15cm幅3-4cm。花は径3-5cm。果実は径5-7cm。写真：右＝果実、左上＝花時、左下＝種

モモ

桃

バラ科

Prunus persica

「桃・栗3年、柿8年、梅・梨・林檎15年、枇杷のボケナス18年、蜜柑のバカは20年、柚子のウスノロ25年」というそうだが、モモは本当に3年で果実をつけるのだろうか。このことわざと実際に果実を結ぶまでの年数とは違うらしい。モモの果実で鬼を退治する、という中国の伝説から桃太郎の話ができたというが、あれだけ大きな果実をぶつけられたら相当痛いだろう。モモの種《たね》を削って、さまざまな形の根付を造りキーホルダーにする。そのとき種《たね》のまわりに残った果肉と筋をきれいに取り去るのは難しいので、しばらく庭に放っておくと、アリが見事に掃除してくれる。

◇**由来**　中国北部原産
◇**よく見る場所**　庭・公園
◇**花の時期**　4月
◇**果実の時期**　7～8月、淡黄色・淡桃色に熟す

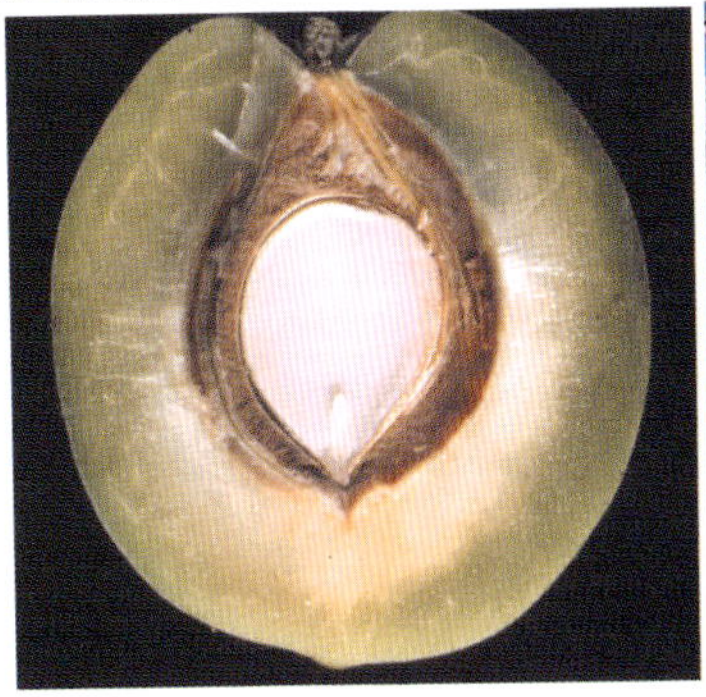

ウメ　落葉高木。高さ5-10m径60cmほど。葉は互生、長さ5-8cm幅2-5cm。花は径2.5cm。果実は径2-3cm。写真：右上＝種、右下＝花時、左上＝果実時、左下＝果実と種の断面

ウメ

梅
バラ科
Prunus mume

中国原産だが、古くから日本に入り、多くの品種が生み出されてきた。果実の年間生産量は、全国で8～9t。食用のほか、花や木は歌にも詠まれ、絵画となり、日本の文化に溶け込んで愛されてきた。果実の皮が薄く、肉厚で、梅干に適している「南高」は、和歌山県南部川《みなべがわ》村原産。自家結実性が低く、自らの花粉では結実しにくいため、別株の花粉を虫に運んでもらうか、人手による受粉が必要。梅干は、食物の糖質代謝に有効なクエン酸やリンゴ酸などの成分を含み、健康によいとされる。ウメの材は、床柱、櫛《くし》、そろばんの珠、傘の柄などに利用される。

◇**由来**　中国中部原産
◇**よく見る場所**　庭園・庭・公園
◇**花の時期**　2～3月、香りがある
◇**果実の時期**　6月、黄緑色に熟す。食べられる

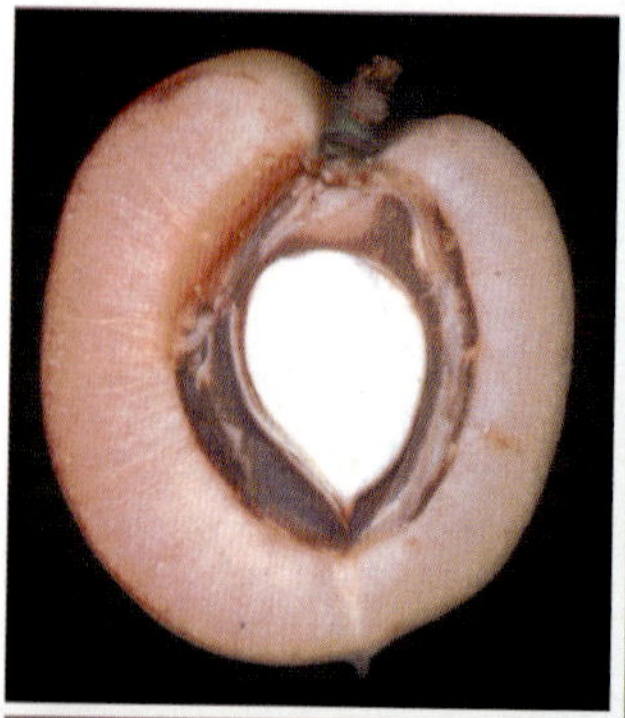

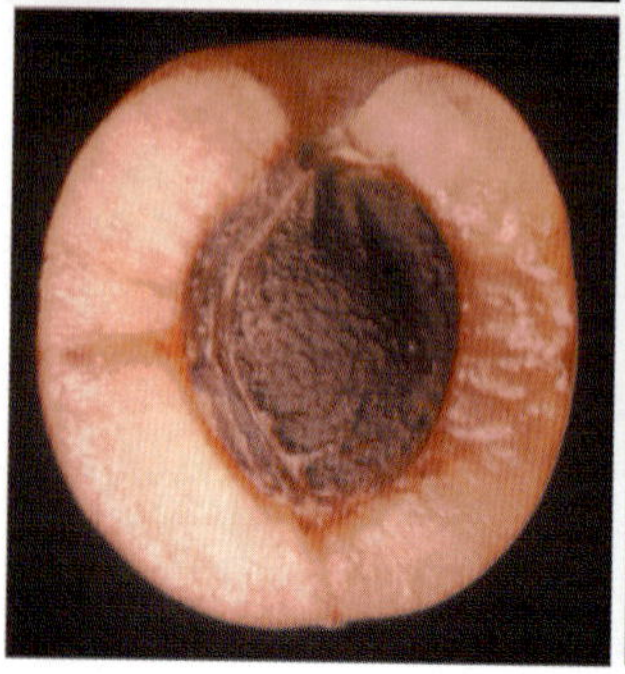

アンズ　落葉高木。高さ5-15ｍ。葉は互生、長さ5-10㎝。花は径2.5㎝ほど。果実は径3㎝ほど。写真：右＝果実時、左上＝果実と種の断面、左下＝種を除いた断面

アンズ

杏／別名カラモモ（唐桃）
バラ科
Prunus armeniaca

中国原産で、紀元前から栽培され、後に日本に伝えられた。和名は初め、「唐桃《からもも》」と呼ばれた。果実は食用となり、黄熟し、果肉と種《たね》が離れやすい。酸っぱい品種が多いため、ジャムやシロップ漬け、また干しアンズなどにされる。果実100g中にカロチン1000㎎を含む。アンズやウメの熟した果実の香気は、ベンズアルデヒドによる。小粒の苦いアンズ「苦杏《クーシン》」の仁を「杏仁」といい、咳止めや化粧品、杏仁豆腐を作るときにも用いられる。春、葉に先立って花が咲くが、ウメと違い、花の萼《がく》が反り返る。アンズの産地では、花の咲く頃になると多くの人が訪れる。

◇**由来**　中国北部原産
◇**よく見る場所**　庭
◇**花の時期**　3〜4月
◇**果実の時期**　6月、黄橙色に熟し、食べられる

イチゴ　つる性の多年草。葉は互生、小葉は３個、長さ3-6㎝幅2-5㎝。花は径３㎝ほど。果実は長さ２㎝前後から。写真：右上＝花と果実、右下＝草姿、左＝果実の断面

イチゴ

苺／別名オランダイチゴ
バラ科
Fragaria × ananassa

今、店先で目にするイチゴは、江戸末期にオランダ人が日本に持ち込んだもので、在来のキイチゴやクサイチゴと区別して「オランダイチゴ」と呼ばれるようになった。バージニアイチゴとチリイチゴが交雑したもので、ヨーロッパ全域やアメリカへ広がった。一八九九（明治三二）年にフランスから導入された「ジェネラルシャンジー」から育成された「福羽」が、日本のイチゴの基礎を作り、石垣栽培の発展にもつながった。今ではハウスで大規模に栽培できるようになり、一年中食卓に上るようになった。現在は、数多い品種の中、東の「女峰」、西の「とよのか」が天下を二分している。

◇由来　新大陸原産の種から交配によりつくられた
◇よく見る場所　庭・鉢植え・畑
◇花・果実の時期　４～５月

ヤマブキ　落葉低木。高さ1-2m。葉は互生、長さ3-10cm幅2-4cm。花は径3-5cm。果実は長さ4-4.5cm。写真：右上＝果実、左上＝花

シロヤマブキ　落葉低木。高さ2m。葉は対生、長さ5-10cm幅2-5cm。花は径3-4cm。果実は長さ7-8mm。写真：右下＝花時、左下＝果実時

バラ科の花と果実

ハマナス　落葉低木。高さ1mほど。葉は互生、小葉は7-9個、長さ3-5cm。花は径6-7cm。果実は径2-2.5cm。写真：右上＝花、左上＝果実

ノイバラ　落葉低木。高さ1-1.5m。葉は互生、小葉は7-9個で長さ2-4cm。花は径1.8-2.3cm。果実は径7mmほど。写真：右中＝花時、左中＝果実時

サンザシ　落葉低木。高さ2mほど。葉は互生、長さ2-7cm。花は径1.5cmほど。果実は径1.5-2cmほど。写真：右下＝花時、左下＝若い果実

ナナカマド　落葉高木。高さ10m径15-20cm。葉は互生、小葉は9-19個、長さ5-8cm幅1-2.5cm。果実は径6-8mm。写真：右＝果実時、左上＝花、左下＝果実

ナナカマド

七竈／別名オヤマノサンショウ
バラ科
Sorbus commixta

果実は秋に赤く色づき、同時に葉も真っ赤になって、木全体が燃えているように見える。果実の豊作年と凶作年の差が激しいことでも知られている。1つの果実の中には数個の種《たね》が入る。種《たね》は乾燥すると極端に発芽力が低下するので、果肉を取り除いた直後にとり播きする。知ってか知らずか、鳥は本能的にこのようなことをやってのける。乾燥した種《たね》は、発芽力が低下するばかりでなく、発芽に2～3年かかるといわれている。冬の寒さに当たると渋みが消えて甘くなるため、北へ帰る渡り鳥に食べられ、それによって分布域を北方に広げたいのではないかという仮説がある。

◇**分布**　北海道～九州、朝鮮
◇**よく見る場所**　公園・庭園・街路
◇**花の時期**　5～7月
◇**果実の時期**　10月、赤く熟す

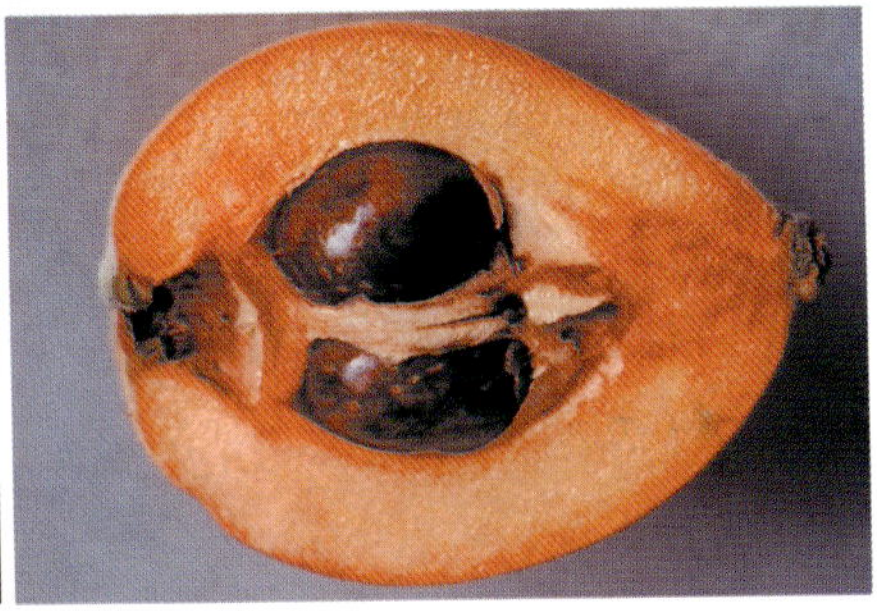

ビワ　常緑高木。高さ3-5m。葉は互生、長さ15-30cm幅3-9cm。花房の長さ10-20cm。果実は長さ4-5cm幅3-4cm。写真：右上＝花時、右下＝果実の断面、左＝果実時

ビワ

枇杷
バラ科
Eriobotrya japonica

ビワはほかの花の少ない冬期に咲く。毛皮のコートのような萼《がく》に包まれ、暖かそうで、やってくる虫たちも嬉しそうだ。ビワの本格的な利用は、実生の中から優良品種である「茂木ビワ」が出た160年前頃から始まった。果実は小ぶりだが、甘味が強い。しかし寒さに弱いため、長崎・鹿児島に多い。「田中ビワ」はやや大粒で酸味があり、寒さに強く、千葉県に多い。江戸～明治の植物学者田《た》中芳男《なかよしお》が長崎で食べたビワに感激し、種《たね》を東京に持ち帰って発芽させ、改良を加えたものである。新宿御苑の大木戸門を入ってすぐの芝生広場にも、この大木がある。

◇**由来**　中国原産
◇**よく見る場所**　庭・公園
◇**花の時期**　11～12月、香りがある
◇**果実の時期**　翌年6月、黄橙色に熟す。食べられる

シャリンバイ　常緑低木。高さ1-4m。葉は互生、長さ4-10cm幅2-5cm。花は径1-1.5cm。果実は径7-12mm。写真：右＝果実時、左＝花時

シャリンバイ

車輪梅／別名ハマモッコク
バラ科
Rhaphiolepis indica var. *umbellata*

暖地の海岸に自生する。鳥散布された後すぐに発芽するが、子葉は朝顔のように地上で開くのではなく、地下子葉となる。シャリンバイの仲間だけではなく、マメやドングリなど、種《たね》自体が栄養に富むものは、動物に狙われる危険があるので、地下子葉という形を取る。シャリンバイの場合は海浜性のため、砂が飛んで種《たね》が露出すれば、熱と乾燥でやられてしまうかもしれない。そのための防衛策でもある。黒紫色の果実はブルーベリーに似ていて、木の実のリースを作るときにも使える。茶色のマツボックリなどと合わせるとマッチして、素敵な飾りができあがる。

◇**分布**　本州～沖縄、朝鮮、中国、台湾～ボルネオ
◇**よく見る場所**　公園・庭・街路・生垣・路側帯
◇**花の時期**　4～6月
◇**果実の時期**　10月、黒紫色に熟す

バラ科の花と果実

ボケ　落葉低木。高さ3mほど。葉は互生、長さ4-8cm幅1.5-5cm。花は径2.5-4cm。果実は長さ4-7cm。写真：右上＝花時、左上＝果実時

ナシ　落葉高木。葉は互生、長さ7-12cm幅4-6cm。花は径3-4cm。果実はほぼ球形。写真：右中＝花時、左中＝果実時

リンゴ　落葉高木。葉は互生。花は径3-4cm。果実はほぼ球形〜扁球形。写真：右下＝花時、左下＝果実の断面

サイカチ　落葉高木。高さ20m径1mほど。葉は互生、長さ15-30cm、小葉は12-24個で長さ3.5-5cm。花穂の長さ15-20cm。果実は長さ20-30cm。写真：右＝果実時、左＝花時

サイカチ

皂莢／カワラフジ・サイカイシ
マメ科
Gleditsia japonica

サイカチの莢《さや》を拾い、動眼を貼りつけ、ヘビを作ってみた。このくねくねの莢はサポニンを含み、水に落ちたとき魚に食べられるのを防いでいる。「莢」には、「挟む」「左右から助ける」の意味がある。多くのマメ科植物が莢《さや》をなすが、莢の働きはただ豆を挟むだけではない。ねじれて豆を弾き飛ばすもの。莢自体が栄養を持ったり、逆に有毒物質を含んだりして食害を防ぐもの。目立つ色で鳥を引きつけるもの。逆に同系色でカモフラージュするもの。裂開時に音を立て豆の落下を知らせるもの。翼の役目をし、豆を運ぶもの。豆よりも莢のほうがまめまめしい働きぶりだ。

◇**分布**　本州〜九州、朝鮮、中国
◇**よく見る場所**　庭園・庭
◇**花の時期**　5〜6月
◇**果実の時期**　秋、濃紫色に熟す

ラッカセイ　一年草。高さ60㎝ほど。葉は羽状複葉、小葉は4個長さ3.5-6㎝。花は径1.5㎝ほど。果実は長さ3㎝ほど。写真：左上＝花時、左下＝果実

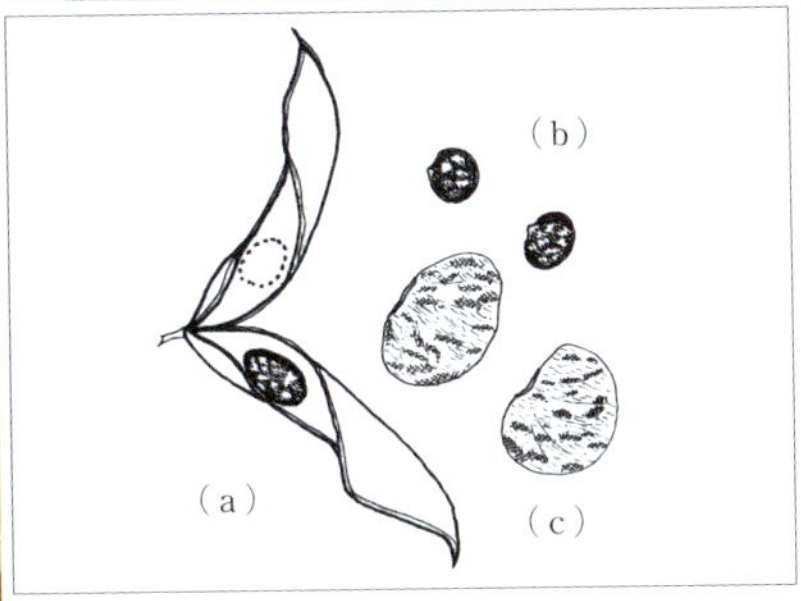

ヤブマメ　つる性の一年草。葉は羽状複葉、小葉は3個長さ3-6㎝。花は長さ3-4㎜。果実は長さ2.5-3㎝。写真：右上＝花時、右下＝果実（a）と種（b）、（c）は閉鎖花後の種

ヤブマメとラッカセイ

藪豆／別名ギンマメ、落花生／別名ナンキンマメ

マメ科　ヤブマメ *Amphicarpaea bracteata* ssp. *edgeworthii* var. *japonica*、ラッカセイ *Arachis hypogaea*

植物にはなるべく親から離れたところに種《たね》を散布しようとするものが多いなか、親の膝元に種《たね》を作るものがある。何の力も利用せず、距離も伸ばさないので、非散布種子と呼ぶ。危険の伴う独り立ちの旅より、生育に適した場所である親元にとどまるのは、ある意味賢いともいえる。ヤブマメは、動物に食べられにくい地下に種《たね》を作る。自分自身の花粉で受精する閉鎖花をつけ、「クローン種子」を作る。地上にできる種《たね》の何倍も大きく、いわば「掌中の珠」。ラッカセイは、花が終わると子房の柄が伸び、地中に種《たね》を作ることから「落花生」といわれ、これも非散布型である。

◇分布　ヤブマメは北海道〜九州、朝鮮、中国
ラッカセイは南アメリカ原産

◇よく見る場所　道端・空き地・線路脇・河川敷の藪

◇花・果実の時期　8〜10月、ラッカセイは7〜8月

ヌスビトハギ　多年草。茎は高さ60-100㎝。葉は羽状複葉、小葉は3個、頂小葉は長さ4-8㎝。花は長さ4㎜。果実は長さ5-7㎜。写真：左＝草姿、左上＝果実、左下＝種

ヌスビトハギ

盗人萩
マメ科
Desmodium podocarpum ssp. *oxyphyllum*

2つで一組の果実の形が、盗人がそうっと忍び込むときの足の形に見えるので、ヌスビトハギという名がついたという。果実の先端に、ゆるやかなかぎ状の刺《とげ》があって、果実全体に細かいかぎ状の毛があり、成熟すると2個の果実が節目で分かれる仕組みだ。このように付着する種《たね》は、動物の移動に依存していて、たいていは林や道路の縁に生えている。

おもしろいことに、砂漠には付着散布植物はないという。動物がほとんどいないからだ。また、枝を張る木には付着する種《たね》を持つものはなく、草でもある程度の高さのものが多い。しかも、果実つきの枝を通り道のほうへ伸ばしたり、広げたり、倒したりしている。

◇分布　北海道～沖縄、朝鮮、中国～ヒマラヤ
◇よく見る場所　公園・道端・空き地・林の縁
◇花・果実の時期　7～9月

クズ　つる性の多年草。つるは長さ20mほど。葉は羽状複葉、小葉は3個長さ10-15㎝。花穂は長さ20㎝ほど、花は長さ1.8-2㎝。果実は長さ6-8㎝。写真：右＝花時、左＝果実時

クズ

葛／別名クズカズラ・マクズ
マメ科
Pueraria lobata

クズの豆果（莢《さや》）の中には種《たね》が数粒収まっていて、完熟した後、豆果ごと落下する。クズはつるの長さ2.5～3.5ｍほどになるが、その一個体に、6000～7000粒の種《たね》ができる。つるの長さが20ｍになるものもあるが、そんな個体では種《たね》は相当な数になりそうだ。種《たね》の発芽には、2つのタイプがある。淡褐色ですぐに芽を出すせっかちさんが6～12％、残りは濃い茶色のまだら模様で翌年遅れて芽を出すのんびりやだ。両者のうまい連係プレーのおかげで、クズという植物はあんなに繁茂しているといっても過言ではない。その繁殖力が注目されて、中国では砂漠の緑化に用いられている。

◇**分布**　北海道～九州、フィリピン、中国～ニューギニア
◇**よく見る場所**　林の縁・草地・土手
◇**花・果実の時期**　8～9月、花には香りがある

エンジュ　落葉高木。高さ20m径30-40cm。葉は互生、長さ15-25cm、小葉は5-15個で長さ2.5-6cm。花穂の長さ30cmほど。果実は長さ5-8cm。写真：花と若い果実時

エンジュ

槐／別名キフジ・シナエンジュ
マメ科
Sophora japonica

マメ科の樹木の中には、莢《さや》が裂開せず、長い間、枝にぶら下がったままのものがある。エンジュも長さ4～7cmの数珠状の豆果となり、中には長さ7～9mmの腎臓形の種《たね》を含むが、裂開しない。マメ科樹木の若い莢は、豊富なたんぱく質を含むことが多く、動物が莢ごと食べる。その際、莢がどろどろに消化されても豆はそのまま排出される。仮に、豆に昆虫の卵などが産みつけられていたとしても、動物のお腹の中で死滅させられ、豆は無事に乗り切ることができ、散布されるという一石二鳥の仕組みだ。記録によると、マメ科樹木を莢ごと飼料として使った例がある。

◇**由来**　中国原産
◇**よく見る場所**　公園・庭園・街路・庭
◇**花の時期**　7～8月
◇**果実の時期**　10月、淡黄色に熟す

ハリエンジュ　落葉高木。高さ25m。葉は互生、長さ20-39cm、小葉は7-19個長さ2.5-5cm。花穂は長さ10-15cmほど。果実は長さ5-10cm。写真：右上＝花時、右下＝裂開した莢と種、左＝果実時

ハリエンジュ

針槐／別名ニセアカシア・イヌアカシア
マメ科
Robinia pseudoacacia

この花はミツバチの重要な蜜源になる。実際に甘い香りがし、ミツバチやクマバチ、トラマルハナバチなどが多数集まっている様子が見られる。白く房状にぶら下がる花を天ぷらにして食べたことがある。ほんのり甘くておいしかった。7、8月頃、豆果は茶色くなって熟しきる。莢《さや》の中には、7～15個の種《たね》が入っているが、莢の大きさのわりには、種《たね》が非常に小さい。この莢は裂開して種《たね》を落とすこともあるが、非常に軽いため、グライダーの羽根のように莢ごと種《たね》を風で遠くに飛ばすことができる。根からもどんどん芽を出し増え広がる、非常に丈夫な木である。

◇**分布**　北アメリカ原産
◇**よく見る場所**　公園・街路／砂防樹
◇**花の時期**　5～6月、香りがある
◇**果実の時期**　9～10月、褐色に熟す

フジ　落葉つる性木本。葉は互生、長さ20-30cm、小葉は11-19個。花穂は長さ30-90cm、花は長さ1.2-2cm。果実は長さ10-19cm。写真：上＝満開の藤棚、右下＝果実時、左下＝裂開した莢と種

フジ

藤／別名ノダフジ
マメ科
Wisteria floribunda

葛西臨海公園でのこと。バードサンクチュアリのあたりで、「パーン！」という乾いた銃声のような音を聞いた。しばらく行くと、乾いたコンクリートの上に、丸い種《たね》と木質化した堅いフジの莢《さや》を発見した。どうやらフジの莢が二裂するときの音だったらしい。興味深いことに、莢はフジの真下に落ちていたのだが、種《たね》は親木から2ｍほど弾き飛ばされていた。果実の内圧が高まることで種《たね》が弾き飛ばされる植物もあるが、フジは乾燥することによって裂け、種《たね》を飛ばす。アマゾンでは、川面にぶら下がるマメ科の莢が弾けると、その音で魚が集まり、種《たね》を食べるそうだ。

◇**分布**　本州～九州、
◇**よく見る場所**　公園・庭園・庭
◇**花の時期**　4～5月、香りがある
◇**果実の時期**　9～10月

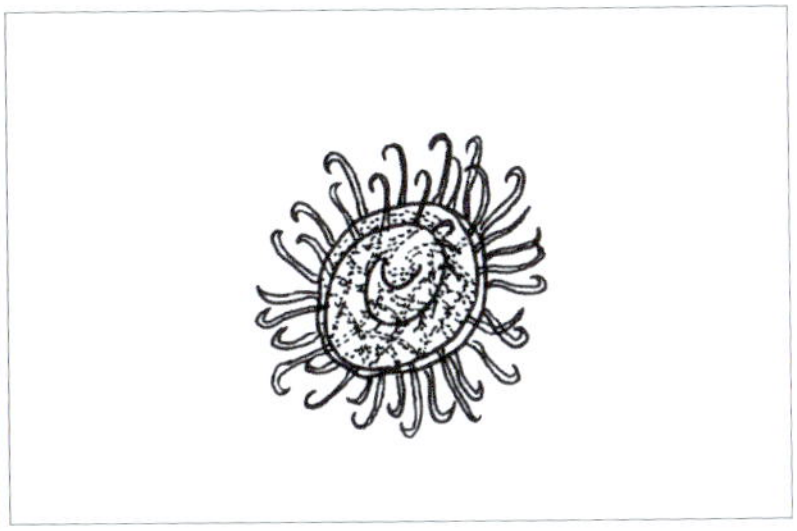

ウマゴヤシ　一年草。高さ10-60㎝。葉は互生、羽状複葉、小葉は3個、長さ1-2㎝。花は長さ3-4㎜。果実は径5-6㎜。写真：右上＝果実、右下＝果実の様子、左＝花と若い果実時

ウマゴヤシ

馬肥し／別名マゴヤシ
マメ科
Medicago polymorpha

この名前は、ウシやウマの優れた飼料になることからつけられた。ウマゴヤシのように、牧草となる植物は数多くある。葉といっしょに果実も種《たね》も食べられた後、牧場の別の場所で糞として排出されるとき、種《たね》が散布されている。なにも、ウシやウマが種《たね》を選んで食べているのではなく、知らず知らずのうちに種《たね》の散布を行っているのである。そう考えると、おいしい果実を食べさせ、まんまと中の種《たね》を動物に運ばせている植物と同じ戦略で、牧草を食べさせているといえる。ウマゴヤシのかぎ付きらせん状果実はウシの足などに付着することもあり、2通りの散布方法を取っている。

◇**由来**　ヨーロッパ原産
◇**よく見る場所**　道端
◇**花・果実の時期**　3～5月

カラスノエンドウ　つる性一〜二年草。葉は羽状、小葉は8-16個、長さ2-3㎝。花は長さ1.2-1.8㎝。果実は長さ3-5㎝。写真：右上＝花時、右下＝裂開した莢と種、左上＝若い果実、左下＝莢の裂開

カラスノエンドウ

烏豌豆／別名ヤハズエンドウ・ノエンドウ
マメ科
Vicia angustifolia

人がびっくりした様子を「鳩が豆鉄砲食らったような」と表現することがある。カラスノエンドウは莢《さや》の繊維がバイアス状になっているため、はじけるときに莢が一瞬でねじれ、中の種《たね》が飛び出す。その様子を「豆鉄砲」と表現し、知らずにこの植物の群生する草むらに入り込んだら、鳥もびっくりするだろう。莢を開いてみると、種《たね》は左右の莢に一つおきに行儀よく収まっていて、はじける際にはねじれながら交互に発射される。互いにぶつかることのない、ねじれる莢をもつこの種子散布のメカニズムは絶妙である。

◇**分布**　本州〜沖縄、ユーラシアの暖温帯
◇**よく見る場所**　道端・空き地・土手・田畑のまわり
◇**花・果実の時期**　3〜6月

ネムノキとハナズオウの花と果実

ネムノキ　落葉高木。高さ10m径45cmほど。葉は互生、長さ20-30cm、小葉は長さ10-17mm幅4-6mm。花弁は長さ1-1.2cm。果実は長さ10-15cm。写真：右上＝花時、左上＝果実時

ハナズオウ　落葉高木。高さ20m径1mほど。葉は互生、長さ5-10cm幅4-10cm。花は長さ2cmほど。果実は長さ5-7cm。写真：右下＝果実時、左下＝花時

ナツグミ　落葉高木。高さ2-4m。葉は互生、長さ3-9cm幅2-5cm。花は長さ7-8mm。果実は径1.2-1.7cm。写真：トウグミ（ナツグミの一種）

ナツグミ

夏胡頽子／別名カントウナツグミ
グミ科
Elaeagnus multiflora

昔はお菓子が少なく、庭にナツグミの木のある家がうらやましかった。グミ科の果実は、全般的に甘酸っぱく、エグ味が残る。そのため、「エグい味のする果実」から名づけられたと思っている人が多いが、本当は「グイミ」に由来し、「グイ」は杭で、刺《とげ》のように堅い短枝をさす。グミ属の根には根粒があり、窒素固定をしているため、やせた土地の緑化に利用される。欧米では、日本産の数種が園芸用に栽培され、アメリカ北東部を中心に、抜け出したものが野生化している。強くて折れにくい材は、古くは囲炉裏の自在鉤にされ、また農具や大工道具の柄にも用いられる。

◇**分布**　本州（福島～静岡）太平洋岸
◇**よく見る場所**　公園・庭
◇**花の時期**　4～5月
◇**果実の時期**　5～7月

サルスベリ　落葉高木。高さ3-7m径30cmほど。葉は対生、長さ4-10cm。花房は長さ10-25cm、花は径3-4cm。果実は径1-1.5cm。写真：右上＝花、右下＝乾燥した果実と種、左＝花時

サルスベリ

猿滑・百日紅／別名サルナメリ・ヒャクジッコウ
ミソハギ科
Lagerstroemia indica

木登りが得意なサルでも滑ってしまいそうな、つるつるの樹皮なので、サルスベリの名がある。夏中、百日間も咲き続ける紅色の花という意味で「百日紅《ひゃくじっこう》」という別名もある。真夏の花の少ない時期に咲くこともあり、フリルのように縮れて波打つ花びらは、じつに美しく感じられる。秋、六裂した果実には、アサガオの種《たね》を櫛型にしたような翼果《よくか》が、放射状の名刺ホルダーの如く収納される。黄葉が落ち、果実だけが取り残されたサルスベリの木を見かけたら、ぜひゆすってみよう。風に乗って多くのプロペラが旅立つ様子は、癖になるほどおもしろい。

◇**由来**　中国南部原産
◇**よく見る場所**　公園・庭園・庭
◇**花の時期**　7月上旬～10月上旬
◇**果実の時期**　10月、茶褐色に熟す

ユーカリ　常緑高木。高さ5-6mのものから100mほどまで。葉は卵形からヤナギのような細長いものまで多様。写真：右上＝ツキヌキユーカリの葉、右下＝果実、左上・左下＝野生種の花

ユーカリ

Eucalypt・Gum tree／別名ユーカリノキ
フトモモ科
Eucalyptus

コアラが多摩動物園にやってきたとき、エサとして注目を浴びた。夢の島公園の栽培地では、コアラ用のユーカリが4種栽培されている。多くは常緑で、高さが30～50m、中には100m以上にもなるものもある一方、高さ1m程度でほふく性のものもある。蕾《つぼみ》には萼《がく》と花弁が合着した蓋《ふた》があり、属名*Eucalyptus*（よく＋覆うの意）の由来になっている。雄しべは多数で、花を美しく彩る。蓋が取れ、中から出てくる種《たね》は細かい。オーストラリアでは山火事が多いが、焼失しても貯蔵根から再び萌芽する。火事の影響で種《たね》も発芽しやすくなるため、「火を呼ぶ木」とも呼ばれる。

◇**由来**　主にオーストラリアに原産
◇**よく見る場所**　公園・街路
◇**花の時期**　夏、香りがある
◇**果実の時期**　秋

マキバブラッシノキ　常緑低木。高さ1.5mほど。葉は互生、長さ3-15cm幅3-5cm。花穂は長さ12cmほど。果実は径6-10mm。写真：右＝果実時、左＝花時

マキバブラッシノキ

槙葉ブラッシの木／別名カリステモン
フトモモ科
Callistemon rigidus

マキバブラッシノキは、本当に印象的な樹木である。「ボトルブラシ」にこれほどまでに似ているとは―。さらに不思議なのは、いつまでも枝に残る蛸《たこ》の吸盤のような果実で、この果実は何年間も木についたままなので、当年分、昨年分、一昨年分と、何年分も枝の伸長とともに順々に枝に密着した果序が残っていく。この果実は、自生地オーストラリアでは、山火事が起こらないかぎり種《たね》を放出することはない。つまり、前の山火事からどれくらい経っているかを知りたいときには、ブラッシノキの果序の数を調べればよいのである。じつにおもしろい。

◇**由来**　オーストラリア原産
◇**よく見る場所**　公園・庭
◇**花の時期**　3～7月
◇**果実の時期**　数年後、灰褐色に熟す

ザクロ　落葉高木。高さ4-9m。葉は対生、長さ2-9cm幅1-2cm。花は径3-4cm。果実は径4-9cm。写真：裂開した果実

ザクロ

石榴・柘榴／別名セキリュウ・シャクロ
ザクロ科
Punica granatum

有史以前から栽培されてきた果実で、現在はパレスチナで大量に生産されている。聖書には、ブドウやイチジクと並び、優れた果実の一つとして登場する。大祭司の袖なしの上着の房べりに、金の鈴と交互にザクロの装飾がついていた。果実の先に残る萼《がく》裂片はソロモンの王冠にヒントを与えたといわれ、それ以降の王冠にも受け継がれている。ザクロのヘブライ語名「リンモーン」は、「リモン・ペレツ」など地名として残り、生産地であったことがわかる。堅い果皮の中に詰まった果汁たっぷりの小さな粒状の果実は、生食のほか、グレナディン・シロップの原料となる。

◇**由来**　小アジア原産
◇**よく見る場所**　庭園・庭
◇**花の時期**　6～7月
◇**果実の時期**　9～10月、黄紅色に熟す

メマツヨイグサ　二年草。茎は高さ0.3-2m。茎の葉は互生、長さ5-22㎝幅1-6㎝。花は径5㎝ほど。果実は長さ2-4㎝。写真：右上＝花、右下＝乾燥した果実と種、左＝草姿

メマツヨイグサ

雌待宵草
アカバナ科
Oenothera biennis

北アメリカ原産で、明治中期に観賞用として日本に渡来。繁殖力が強いため、各地で野生化している。高さは1〜2mで、初夏から初秋の夕方に花を開き、翌日の午前中にはしぼむ。冬には、すっくと茎を伸ばしたまま立ち枯れた姿となる。茎はかなり丈夫で、ときには翌年の春までそこに立ち続け、鳥が止まり木にするほどだ。近年、マツヨイグサ属の種子には高濃度のγ《ガンマ》-リノレン酸が含まれることが発見された。医学的研究から、人間の病気の多くがγ-リノレン酸のような必須脂肪酸の不足と関係していることがわかったため、心臓病やアレルギーなどの治療に用いられている。

◇**由来**　北アメリカ原産、北海道〜九州に見られる
◇**よく見る場所**　荒れ地・河川敷・海辺の砂地
◇**花・果実の時期**　6〜10月

ハナミズキ　落葉高木。高さ5-7m。葉は対生、長さ8-10cm。花は径4-5cm、苞は長さ3cmほど。果実は長さ1cmほど。写真：左上＝果実時、左下＝花時

ヤマボウシ　落葉高木。高さ5-10m。葉は対生、長さ4-12cm。花は径4-9cm、苞は長さ3-6cm。果実は径1.2-2cm。写真：右上＝花時、右下＝果実時

ヤマボウシとハナミズキ

山法師／別名ヤマグワ、花水木／アメリカヤマボウシ
ミズキ科　ヤマボウシ *Benthamidia japonica*
ハナミズキ *B. florida*

山法師の頭巾のような白い花をつけるので、この名がつけられた。同じミズキの仲間とは少し異なり、集まった小さな果実がさらに合着し丸くなっている。これは、サルにまとめて食べてもらうための適応とみる人もいる。もちろん、人間が食べてもおいしい。クマの胃の内容物からも見つかっている。ヤマボウシのようにジューシーな多肉果ながら堅い種皮で守られている種《たね》は、そのまま排泄され、散布される。サルよりクマの方が行動範囲が広いので、より遠くへ運ばれそうだ。果肉の中の種《たね》は大きさも形もまちまちで、「これも何かの戦略か」と考えてしまう。

◇分布　ヤマボウシは本州〜沖縄、朝鮮
ハナミズキは北アメリカ東部原産
◇よく見る場所　公園・庭園・庭・街路
◇花の時期　5〜7月、ハナミズキは4〜5月
◇果実の時期　9〜10月、赤色に熟す。食べられる

アオキ　常緑低木。高さ2-3m。葉は対生、長さ8-20cm幅2-10cm。雌雄別株。花は径8-10mm。果実は径1.2-2cm。写真：右上＝雌花、右下＝雄花、左＝果実時

アオキ

青木／別名トウヨウサンゴ
ミズキ科
Aucuba japonica

目黒の自然教育園には、「アオキヶ原」と呼ばれる場所がある。そこは人の手を入れず、自然が移り変わるのに任せて植物を観察している区域だが、いつの間にか一帯がアオキばかりになってしまった。アオキは果実が赤く鳥に好まれることや、日陰でも育つためだろう。果実は枝についている期間が長いため、花と果実を同時に見られることもある。ときどき、いつまでたっても青いままで赤くならない果実を発見するが、これはアオキミタマバエというハエの仕業である。果実は真っ赤に熟し、また低木であるため子どもの手に届きやすく、よく遊び道具にもされる。

◇**分布**　本州（中国地方を除く）・四国
◇**よく見る場所**　公園・庭園・庭
◇**花の時期**　3～5月
◇**果実の時期**　翌年の1～3月、赤色に熟す

ヒノキバヤドリギ　常緑低木。高さ5-20㎝。葉は対生、鱗片状。雌雄同株。花は長さ0.8㎜ほど。雌花の花被は球形。果実は径2㎜ほど。写真：右＝果実（中央の黄色い粒）をつけた枝、左＝ヤドリギ

ヒノキバヤドリギ

檜葉宿り木
ヤドリギ科
Korthalsella japonica

いつも通る道に、ヒノキだとばかり思っている街路樹があった。ところがそれは、ヒノキバヤドリギがたくさん着生しているツバキの木だった。普通、ヤドリギは落葉広葉樹に着生するので、宿主が落葉したあと目立つのだが、ヒノキバヤドリギは常緑広葉樹に着生するため、わかりにくい。また、ヒノキバヤドリギの果実は、ヤドリギやアカミヤドリギのように黄色や赤となるわけではないので、鳥には食べられず、自ら弾け、ほかの枝に着生する。植木屋さんの話では、庭木がこれに侵されて広がると、手作業で取り去らねばならず、退治するのは大仕事だそうだ。

◇分布　本州（関東以西）～沖縄・小笠原、中国、東南アジア、オーストラリア
◇よく見る場所　庭
◇花・果実の時期　一年中

ニシキギ　落葉高木。高さ1-2m径2-5cm。葉は対生、長さ2-9cm幅1-4.5cm。花は径6-8mm。果実は径5-8mm。写真：上＝果実時、右下＝花時

ニシキギ

錦木／別名シラミコロシ・ヤハズニシキギ
ニシキギ科
Euonymus alatus

ニシキギ属の学名*Euonymus*はギリシア語の「eu（よい）とonoma（名）」が語源。よい評判を意味する。ニシキギの仲間を見ると「錦木」「正木」「真弓」と、いずれもよい名がつけられていると感じる。長い柄を持つ赤っぽい果実が下向きに裂け、オレンジ色の種《たね》がぶら下がる。鳥が食べるが、この種《たね》にはあまり栄養がない。種子植物では、風散布がいちばん多く効率的といえる。しかし、高さのない低木の場合は暗い森の中に生えることも多いため、さまざまな色の果実や種《たね》、長い果柄などをつけることで、鳥の目を引くようにディスプレイ効果を大きくしている。

◇**分布**　北海道～九州、朝鮮、中国東北部～ウスリー
◇**よく見る場所**　公園・庭園・庭・校庭
◇**花の時期**　5～6月
◇**果実の時期**　10月、褐色に熟す

マユミ　落葉高木。高さ15mほど。葉は対生、長さ5-15㎝幅2-8㎝。花は径1㎝ほど。果実は径1㎝ほど。写真：右上＝果実時、右中＝裂開した果実、左上＝花時

マサキ　常緑低木。高さ1-5m。葉は対生、長さ3-8㎝幅2-4㎝。花は径7㎜ほど。果実は径6-8㎜。写真：右下＝果実時、左下＝花時

ツルウメモドキ　落葉つる性木本。葉は互生、長さ3.5-10㎝幅2-8㎝。雌雄別株。花弁の長さは雄花で4㎜ほど雌花では2.5㎜ほど。果実は径7-8㎜。写真：右上＝花、右下＝裂開した果実、左＝果実時

ツルウメモドキ

蔓梅擬
ニシキギ科
Celastrus orbiculatus

つる性の木は、生き残るためにどのような工夫をしているのだろうか。つる性であることを生かして、まず相手に巻きつき、締めつける。巻きついた重みで相手の枝を折る。相手の全体を覆い、光を独り占めする、といった具合だ。さらに、ツルウメモドキの場合は、いかにもおいしそうで目にも鮮やかな赤い仮種皮で飾りつけ、鳥の目を欺いている。この赤い部分には、ほとんど栄養はなく、つまり偽物である。それでもだまされた鳥たちが次々やってきては、ついばんでいく。まるでツルウメモドキ自身が意思を持ち、鳥を利用しているかのようだ。

◇分布　北海道〜沖縄、中国、朝鮮、南千島
◇よく見る場所　道端・公園・庭
◇花の時期　5〜6月
◇果実の時期　秋

ウメモドキ　落葉低木。高さ1.5-2m。葉は互生、長さ2-7cm幅1.5-3㎝。雌雄別株。花は径約3㎜。果実は径約5㎜。写真：右上＝果実時、左上＝花時

タラヨウ　常緑高木。高さ7-10m。葉は互生、長さ10-17㎝幅4-7㎝。雌雄別株。花は径約4㎜。果実は径約8㎜。写真：右中＝果実時、左中＝花

モチノキ　常緑高木。高さ6-10m径20-30㎝。葉は互生、長さ4-7㎝幅2-3㎝。雌雄別株。花は径約3㎜。果実は径約1㎝。写真：右下＝果実時、左下＝花時

モチノキ属の花と果実

クロガネモチ　常緑高木。高さ5-10m。葉は互生、長さ6-10㎝幅2.5-4㎝。雌雄別株。花は径1.5-2㎜ほど。果実は径6㎜ほど。写真：右上＝花時、左上＝果実時

イヌツゲ　常緑高木。高さ2-6m径10-15㎝。葉は互生、長さ1-3㎝幅0.5-1.6㎝。雌雄別株。花弁は長さ約2㎜。果実は径6-7㎜。写真：右中＝果実時

セイヨウヒイラギ　常緑低木。高さ6m。葉は互生、長さ4-8㎝。花は白色。果実は径約6㎜。写真：左下＝果実時

ソヨゴ　常緑高木。高さ3-7m。葉は互生、長さ4-8㎝幅2-3.5㎝。雌雄別株。花弁は長さ1.5-2㎜ほど。果実は径約8㎜。写真：右下＝果実時

アカメガシワ　落葉高木。高さ15-20m径50-60㎝。葉は互生、長さ10-30㎝幅6-15㎝。雌雄別株。花房は長さ7-20㎝。果実は径8㎜ほど。写真：右上＝果実時、右下＝新芽時、左上＝雌花、左下＝雄花時

アカメガシワ

赤芽柏／別名アカメギリ・ゴサイバ
トウダイグサ科
Mallotus japonicus

雌雄別株で、雄花と雌花の様子はかなり異なり、見分けやすい。雌株の果実は9～10月頃に褐色に熟して3～4裂し、3～4個の種《たね》を出す。種《たね》は径約4㎜、艶々と黒光りして、小さいので、鳥が食べるにはぴったりの大きさだ。鳥に食べられ散布される果実は、果肉が柔らかいこと、果皮が赤や黒色をしていること、鳥の嘴《くちばし》にあった大きさであることなどの条件がある。さらに、アカメガシワのように、種《たね》のまわりの部分に脂肪が多くカロリーが高いことも、鳥散布に適した条件といえる。冬に山から下りてきた鳥たちは、真っ先にこのような樹木に集まる。

◇**分布**　本州（宮城・秋田以南）～沖縄、朝鮮、中国
◇**よく見る場所**　公園
◇**花の時期**　7月、香りがある
◇**果実の時期**　10～11月、褐色に熟す

ナンキンハゼ　落葉高木。高さ15m径35cmほど。葉は互生、長さ3.5-7cm幅3-4cm。雌雄同株。花穂は長さ6-18cm。果実は径1cmほど。写真：右上＝花、右下＝裂開した果皮と種、左＝果実時

ナンキンハゼ

南京櫨／別名リュウキュウハゼ・トウハゼ
トウダイグサ科
Sapium sebiferum

葉は無毛。秋、紅葉すると赤、黄、緑、葡萄色と、色彩豊かで非常に美しい。その中に、3裂した果実の中から現れた種《たね》は、白い蝋質に包まれ、よく目立つ。かつてこの種《たね》から蝋や油を採った。名前も、中国原産で、ハゼノキのように紅葉し、蝋を採ったことによる。ナンキンハゼは、鳥に食べられ、この蝋質の部分だけが消化吸収される。しかし、種《たね》の部分は食べられては困るので、毒を含んでいる。木の実のリースを作る時期になると、白い種《たね》というのは数少ないため、特に重宝される。まだ青い果実を採取し、乾燥させて加工する。高価なため人気の高さもうかがいしれる。

◇**由来**　中国原産
◇**よく見る場所**　庭・街路
◇**花の時期**　7月、香りがある
◇**果実の時期**　11〜12月、黒褐色に熟す

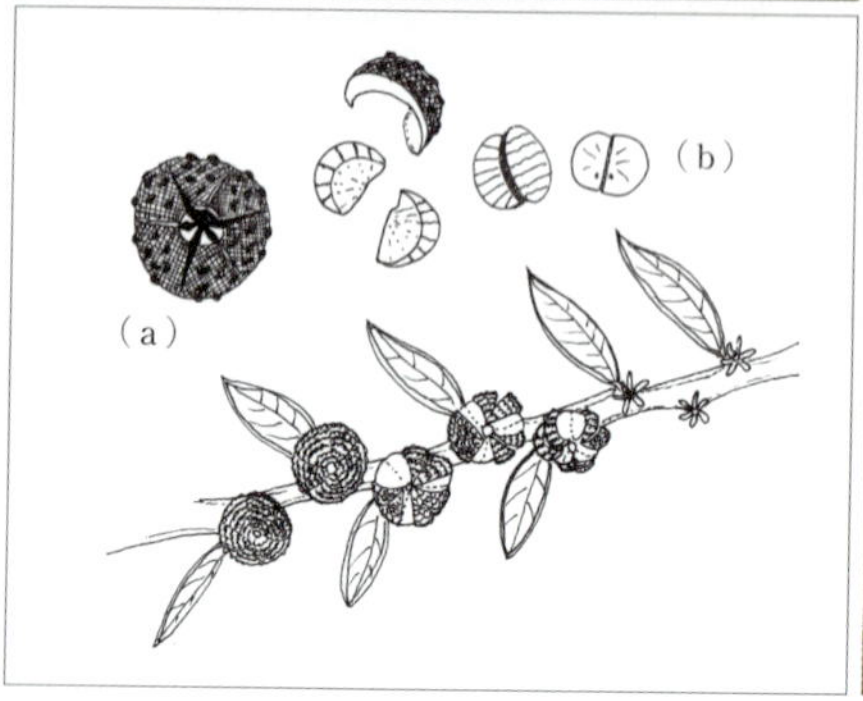

コミカンソウ　一年草。高さ15-50㎝。葉状の小枝は長さ5-10㎝、葉は長さ6-25㎜幅2-9㎜。花は花弁の長さ0.5㎜ほど。果実は径2-2.5㎜。写真：右＝果実時の草姿、左上＝果実時、左下＝果実（a）と種（b）

コミカンソウ

小蜜柑草
トウダイグサ科
Phyllanthus urinaria

観察会のため東御苑へ向かう途中、皇居のまわりを歩いていて、植込みにコミカンソウを発見した。一見するとマメ科の複葉のように見えるこの葉は、夜になるとたたまれて、睡眠運動をする。葉の裏側にはミカンを小さくしたような果実が並ぶ。色もミカンにそっくりで、表面のぶつぶつした質感もミカンそのものという感じ。さらに果実の中の種《たね》を取り出し、ルーペでのぞいてみて驚いた。種《たね》まで「温州ミカン」のひと房ひと房のような形をしていたのだ。命名した人はここまで観察してから名づけたのだろうか。それからというもの、コミカンソウがあると、ついつい覗き込んでしまう。

◇由来　セイロン原産、本州〜沖縄に見られる
◇よく見る場所　道端・植込み
◇花・果実の時期　7〜10月

ケンポナシ　落葉高木。高さ15-25m径1mほど。葉は互生、長さ10-20㎝幅6-14㎝。花は径7㎜ほど。果実は径7-10㎜。写真：右上＝果柄と果実、右下＝乾燥した果実、左＝花時

ケンポナシ

玄圃梨
クロウメモドキ科
Hovenia dulcis

小石川植物園の入り口に、ケンポナシの大木がある。この植物は非常に変わっていて、果実ではなく、果柄が根生姜を細長くしたような独特な形に肥大し、その先端に、小さな丸い果実をつける。果柄の色は灰褐色でまったく目立たないが、かじってみるとよくわかるとおり、ナシに似た甘い味と香りがする。それでケンポナシという名がつけられた。秋になると、果柄がたくさん落下しているのが見られることから、鳥ではなく、多くの動物によって食べられる、ほ乳類散布種子であることがわかる。実際に、シカやテンなどの糞からこの種《たね》が発見されている。

◇分布　北海道～九州、朝鮮、中国
◇よく見る場所　雑木林・寺社林
◇花の時期　6～7月
◇果実の時期　9～10月、紫褐色に熟す

ナツメ　落葉高木。高さ1-3m、ときに10mほど。葉は互生、長さ2-4㎝幅1-2.5㎝。花は径5-6㎜。果実は長さ2-3㎝。写真：右上＝果実時、左下＝花時

ナツメ

棗

クロウメモドキ科

Zizyphus jujuba

新芽が出るのが遅く、夏に芽が出るので「夏芽《なつめ》」の名がついたという説がある。茶道具の棗《なつめ》はこの果実の形に由来する。果実は長楕円形で、長さ2〜4㎝。中には核が一つ入り、秋にこげ茶色に熟す。果肉は白く、さくっとした感じで、リンゴに似て甘酸っぱい。もっとも古い栽培果樹の一つとされ、『万葉集』にもその名が登場する。生食はもちろん、蜜煮やシロップ漬けにして製菓材料に、また干しナツメにし、干しエビなどといっしょに中華風粥の材料とする。健胃、利尿、滋養強壮などの目的で漢方薬にもする。材は彫刻や細工物に用いる。

◇**分布**　中国北部原産

◇**よく見る場所**　庭

◇**花の時期**　6〜7月

◇**果実の時期**　9〜10月、暗赤色に熟す

ノブドウ　つる性の多年草。葉は互生、長さ6-12㎝。花穂は径3-6㎝、花は径3㎜ほど。果実は径6-8㎜。写真：右上＝果実、右下＝花時、左＝果実時

ノブドウ

野葡萄／別名ウマブドウ・ザトウエビ
ブドウ科
Ampelopsis brevipedunculata var. *heterophylla*

色とりどりの果実をつけるものの、残念ながら、食べられたものではない。ノブドウミタマバエが卵を産みつけ、虫こぶになり、ゆがんでいるものが多い。運よく結実している果実の中からは、ブドウの種《たね》を丸くした感じの種《たね》が出てくる。それにしても、果実があまりにもきれいなので持ち帰ってみるが、葉も果実もすぐにしおれてしまい、つるしか利用できない。この色を何とか保たせたいと思い、もぎ取ったバラバラの果実を紙の箱に入れ、ゆすりながら、「人工クチクラ層」の発想でヘアスプレーをかけて乾かしてみた。その後、種《たね》の絵の素材にしてみたが、これがなかなかいい。

◇分布　北海道～沖縄
◇よく見る場所　空き地・野原・河川敷
◇花・果実の時期　7～8月

ヤブガラシ　つる性の多年草。葉は互生、小葉は5個、頂小葉は長さ4-8㎝。花は径5㎜ほど。果実は球形、黒く熟す。写真：右＝花時、左上＝花、左下＝若い果実

ヤブガラシ

藪枯らし／別名ビンボウカズラ
ブドウ科
Cayratia japonica

暑い夏のさなか、ぐんぐんつる丈を伸ばし、藪を覆い尽くして枯らす、そんなイメージがある。実際、そのような様子からこの名がつけられた。手入れが悪く貧乏くさいところにも繁茂するので「ビンボウカズラ」という別名もある。地下茎も分岐して広がっているため、土の中から伸びてきた赤紫色の太い新芽を引っこ抜いても、根との境でちぎれてしまう。しかし、蜜を分泌する蜜源植物となっていて、蝶や蜂の仲間がよく集まる。花のあと、果実は黒く熟するが、虫こぶになることが多い。中の種《たね》を取り出してみると、ブドウそっくりの形をしているが、果実は全然おいしくない。

◇分布　北海道〜沖縄、朝鮮、中国〜インド
◇よく見る場所　庭・道端・荒れ地
◇花・果実の時期　7〜9月

ブドウ科の花と果実

エビヅル　つる性落葉樹。葉は対生、長さ幅とも5-8㎝。雌雄別株。花序は6-12㎝。果実は径6㎜ほど。写真：右上＝花時、左上＝果実時

ツタ　落葉性つる植物。つるは径5㎝ほど。葉は互生、長さ幅とも5-15㎝。花房は径3-6㎝。果実は径5-7㎜。写真：右下＝花時、左下＝果実時

フウセンカズラ　つる性の一年草。つるは長さ3mほど。葉は互生、羽状複葉、長さ5-10㎝。花は径3-5㎜。果実は径3㎝ほど。写真：上＝果実時、右下＝種

フウセンカズラ

風船葛
ムクロジ科
Cardiospermum halicacabum

淡い緑色の果実が細い柄で吊り下がっているので、涼やかな印象を受ける。よく見ると、果皮は交互に山折り谷折りとなっていて、紙風船を膨らましたようだ。中にはハート型の白い紋様をつけた黒い種《たね》が3個入る。牧野富太郎は、心臓型の白い点がある、と著書に書いている。その様子から、「ハートピー」という別名もある。北アメリカ南部の暑い地方に原産するつる性一年草なので、英名を「balloon《バルーン》 vine《ヴァイン》」といい、そこから「フウセンカズラ」という和名がつけられた。地上を転がりながら種《たね》を散布するので、砂浜で転がり海に出た後、海流によって運ばれ、熱帯地方の海岸でも広がっているという。

◇**由来**　北アメリカ南部原産
◇**よく見る場所**　庭・垣根
◇**花・果実の時期**　7～9月

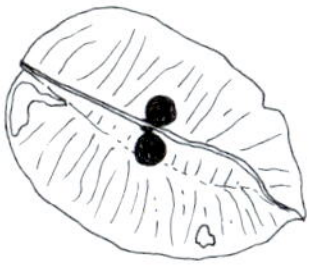

（b）

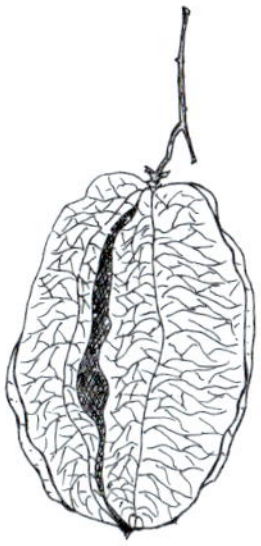

（a）

モクゲンジ　落葉高木。高さ2-10ｍ。葉は互生、長さ20-35㎝幅10-18㎝、小葉は6-8対、長さ4.5-8.5㎝。花は径1㎝ほど。果実は長さ4-5㎝。写真：右上＝オオモクゲンジ花時、右下＝果実（a）と種（b）、左上＝熟した果実、左下＝若い果実

モクゲンジ

別名センダンバノボダイジュ
ムクロジ科
Koelreuteria paniculata

フウセンカズラと同じく、紙風船のような袋状の果実をつける。果実は熟すると3裂し、中には径約7㎜の黒い種《たね》が入っている。果柄が折れやすく、落下した後は「ころがり散布」されるが、3裂した袋がバラバラに分かれて風で飛んでいく様子は、まるで忍者の「ムササビの術」のよう。興味深いことに、①果実が落下したとき、その衝撃で一部の種《たね》が外れる。②転がっていく途中、種《たね》が外れて散布される。③「ムササビの術」でさらに遠くへ種《たね》が飛ばされていく。散布範囲の拡大をねらって、近距離、中距離、長距離に対応した三つの散布方法を取っているのである。

◇**分布**　本州、朝鮮、中国
◇**よく見る場所**　寺院の境内
◇**花の時期**　7〜8月
◇**果実の時期**　秋

ムクロジ　落葉高木。高さ25m径1mほど。葉は互生、長さ30-70㎝、小葉は4-8対、長さ7-20㎝幅2.5-5㎝。花房は長さ20-30㎝。果実は径1-1.5㎝ほど。写真：右＝果実時、左上＝花時、左下＝乾燥した果実

ムクロジ

無患子／別名ツブ・ムク
ムクロジ科
Sapindus mukorossi

属名の*Sapindus*は、「Sapo Indicus」（インドの石鹸）が語源。ムクロジの果皮に含まれるサポニンは、石鹸の性質を持ち、昔は絹を洗うのに用いた。松脂を混ぜ、シャボン玉にすると楽しい。秋に成熟する、黒くて丸く大きな種《たね》は、羽根つきの球や数珠《じゅず》の玉にもされる。また、種《たね》は脂肪分に富んでいるので、炒って食用にもした。ムクロジのように種《たね》が大きなものは、まず重力散布でばら撒かれ、その後、げっ歯類によって運ばれ、土の中に貯蔵されたまま忘れ去られたものが発芽すると見られている。このように、別々の要因により二段階に散布されるものもある。

◇分布　本州～沖縄、東～南アジア
◇よく見る場所　庭園・寺院
◇花の時期　6月頃
◇果実の時期　11月、黄褐色に熟す

トチノキ　落葉高木。高さ20-30m径4mほど。葉は対生、小葉は5-9個、長さ13-30㎝幅4.5-12㎝。花穂は長さ15-25㎝。果実は径3-5㎝。写真：右上＝花時、右下＝果実、左＝果実時

トチノキ

橡・栃／別名トチ
トチノキ科
Aesculus turbinata

トチノキの果実は、9月頃熟すると3裂し、中から1～2個の大きな種《たね》を出す。植物の種《たね》には必ず点のようなへそ（栄養を送る管の跡）があるが、トチノキの茶褐色の種《たね》には下半分に大きなハート型のへそがある。種《たね》が重いので、まず重力散布されるが、地上に落ちたものはネズミやリスといった小動物によって運ばれ、地中に貯蔵される。忘れられ、残った種《たね》だけが発芽することができる。このように、種《たね》が二段階に散布され分布を広げるものもある。樹木ではたいていの場合、結実には豊作年と凶作年があり、豊作年は地中に忘れ去られる数も増え、発芽のチャンスが増える。

◇**分布**　北海道～九州
◇**よく見る場所**　公園・街路
◇**花の時期**　5～6月、香りがある
◇**果実の時期**　10月、赤褐色に熟す

イロハカエデ　落葉高木。高さ15m径50-60㎝。葉は対生、径4-7㎝。雌雄同株。花は長さ3㎜ほど。果実は長さ1.5㎝ほど。写真：右＝葉と果実、左上＝花時、左下＝乾燥した果実

イロハカエデ

以呂波楓／別名イロハモミジ・タカオカエデ（高雄楓）
カエデ科
Acer palmatum

カエデ類は、プロペラを用いて種《たね》の滞空時間を延ばす、代表的な樹木だ。晩秋に落葉し、V字型についた一対の種《たね》だけが残ると、いよいよ旅立ちだ。２つの種《たね》は最後まで細い繊維で名残惜しそうにつながっているが、とうとう糸が切れ、飛ばされていく。片ペラになった種《たね》は、くるくると回転し、より遠くまで飛ばされる。種《たね》を遠く飛ばすため樹木も、一生懸命に広く高く枝を張り伸ばしているかのようだ。カエデ類の種《たね》は、採取してすぐに播かないと発芽しない。岩場やイバラの間など不適切な場所に落ちたり、食べられたりすることなく、適地まで無事たどり着いてほしい。

◇**分布**　本州（福島以南）〜九州、朝鮮、中国
◇**よく見る場所**　公園・庭園・庭
◇**花の時期**　４〜５月
◇**果実の時期**　７〜９月、褐色に熟す

カエデの仲間の葉と果実

コハウチワカエデ　落葉高木。葉は長さ4-7.5㎝幅5-10㎝、7-11中裂、単（重）鋸歯。果実は長さ約2㎝。

オオモミジ　落葉高木。葉は径7-12㎝、5-7(9)中裂、単（重）鋸歯。果実は長さ2-2.5㎝。

ハウチワカエデ　落葉高木。葉は長さ4.5-9㎝幅5-11㎝、9-11浅-中裂、重鋸歯。果実は長さ約2.5㎝。

オオイタヤメイゲツ　落葉高木。葉は長さ4.5-8㎝幅6-12㎝、9-13中裂、重鋸歯。果実は長さ2㎝ほど。

イタヤカエデ　落葉高木。葉は4-9㎝幅5.5-12㎝、5中裂、鋸歯はない。果実は長さ1.5㎝ほど。

トウカエデ　落葉高木。高さ10-20m。葉は対生、長さ4-8㎝幅2-5㎝、3浅裂、鋸歯はない。果実は長さ1.5-2㎝。

右下＝カエデ類の種の変異

スモークツリー　落葉低木。高さ4-5ｍ。葉は互生、長さ4-8㎝。花序は長さ20㎝ほど。果実は径3-4㎜。写真：右＝果実時、左上＝花時、左下＝果実の様子

スモークツリー

Smoke tree／別名ハグマノキ・カスミノキ・ケムリノキ
ウルシ科
Cotinus coggygria

あるとき、テレビ番組を見ていたら、スタジオにこのスモークツリーが所狭しとたくさん飾られていた。その名前のごとく、遠目に煙や霞のように見える落葉低木で、和名はハグマノキ。細いビン洗いのブラシのような綿毛は、白っぽいものと赤っぽいものがあり、観賞用の切花や庭木として利用される。煙のような綿毛のあいだには、かわいらしいハート型の果実がついている。枝が折れやすく、風で散布される際には綿毛と果実が小枝ごと折れ、転がるようにして飛んでいく。実際、花屋で買ってきて生けてみたことがあるが、果柄の折れやすさを実感した。

◇由来　南ヨーロッパ・ヒマラヤ・中国原産
◇よく見る場所　庭
◇花の時期　6～7月
◇果実の時期　秋

ヌルデ　落葉高木。高さ5-10m。葉は互生、長さ30-60cm、小葉は9-13個長さ5-12cm幅2-8cm。雌雄別株。花穂は長さ20-30cm。果実は径4mmほど。写真：右上＝花時、右下＝種、左＝果実時

ヌルデ

白膠木／別名フシノキ・カツノキ
ウルシ科
Rhus javanica var. *roxburghii*

ヌルデの名は、幹を傷つけ、白い汁を採り、器具などに塗ったのが由来という。秋には扁平な球形をした果実をつける。その表面に現れる白い粉のようなものは、リンゴ酸カルシウムの結晶で、なめると塩辛い。これを塩麩子といい、下痢や咳の薬として用いられた。葉につくヌルデシロアブラムシがつくる虫こぶには、タンニンが多く含まれ、それから染物の五倍子《うつぶし》色という伝統的な黒色を作る。種《たね》は土中で長期間休眠するが、枯死や伐採などで林が明るくなり、生長に適した環境になると芽を出す。種《たね》自身が光の波動を感じるセンサーを持っていると考えられている。

◇**分布**　北海道〜沖縄、朝鮮、中国〜ヒマラヤ
◇**よく見る場所**　雑木林
◇**花の時期**　8〜9月
◇**果実の時期**　10〜11月、黄赤色に熟す

ハゼノキ　落葉高木。高さ7-10m。葉は互生、長さ20-30㎝、小葉は9-15個、長さ5-12㎝幅2-4㎝。雌雄別株。花穂は長さ5-10㎝。果実は径9-10㎜。写真：右＝果実時、左＝紅葉

ハゼノキ

黄櫨・櫨／別名ハゼ・ロウノキ・リュウキュウハゼ
ウルシ科
Rhus succedanea

ウルシやヤマハゼとよく似るが、ハゼノキは葉の両面とも無毛。紅葉が美しく、庭木にもされる。果実から蝋を採るため古くから栽培されてきた。本州にあるのは、栽培種が野生化したものという。果実は、木についたまま徐々に外側の皮が剥がれ、縦筋のある蝋質があらわになり、遠くからでも白く目立つ。晩秋〜冬にかけて、キツツキの仲間の食物である昆虫がいなくなるため、代わりにウルシの仲間の果実を食べる姿が観察される。あまりおいしそうには見えないが、蝋質部分には脂肪が多く含まれ、栄養に富んでいる。鳥は様々な果実を口にしていることがわかる。

◇**分布**　四国〜沖縄、朝鮮、中国、東南アジア
◇**よく見る場所**　庭
◇**花の時期**　5〜6月
◇**果実の時期**　9〜10月、淡褐色に熟す

シンジュ　落葉高木。高さ10-20m。葉は互生、長さ40-100㎝、小葉は13-25個、長さ7-12㎝幅2.5-5㎝。花穂は長さ10-22㎝。果実は径4㎜ほど。写真：右下＝乾燥した果実、左上＝果実時

シンジュ

神樹／別名ニワウルシ、漢名樗
ニガキ科
Ailanthus altissima

シンジュは、シンジュサン（蚕）から糸を取るために中国から持ち込まれたが、その方面で特に実績が上がったとは聞いていない。最近では公園樹や街路樹としてよく見かける。種《たね》の繁殖力が強く、高速道路の路側帯の隙間などから生え出ている姿も見かける。中国では、翼《よく》の中央に種《たね》が一個入るその形から、これを「鳳眼子」と呼ぶ。種《たね》が軽いことに加え、長い翼の端が飴の包み紙のようにねじれていて、空気をよくつかんで回転し、より遠くまで飛ばされる構造になっている。流体力学の先生の話では、これはゴルフボールの表面のあの窪《ディンプル》みと同じ作用をしているという。

◇**由来**　中国原産
◇**よく見る場所**　公園・庭園・庭
◇**花の時期**　6～7月
◇**果実の時期**　9～10月、褐色に熟す

センダン　落葉高木。高さ7-10m径30-40㎝。葉は互生、長さ30-100㎝、小葉は長さ3-6㎝幅1-2.5㎝。花穂は長さ10-20㎝。果実は径2㎝ほど。写真：右＝果実時、左上＝花時、左下＝果実と種

センダン

楝／別名オウチ・アウチ・アミノキ・アラノキ
センダン科
Melia azedarach var. *subtripinnata*

子どもの頃通っていた小学校には、センダンの大きな木があった。美しい薄紫色の花、夏の涼しい木陰とともに、冬はしもやけに効くからと、生の果肉を手にすり込んだのを思い出す。秋、冴え冴えとした青空に果実だけが目立つ頃、ヒヨドリなどの鳥がやってきて、果実を丸呑みにしているのを見かける。あの大きい果実を呑み込めるのか、と心配するが、平気なようだ。種《たね》には、特徴のある5つの稜があり、ゴレンシ（スターフルーツ）に似ている。種《たね》の中心に縦方向に穴を開け、5つの溝にそれぞれ違う色を塗る。ニスをかけて、ウッドビーズの代用にすると素敵だ。

◇分布　四国～沖縄・小笠原、中国
◇よく見る場所　公園・庭園・庭
◇花の時期　5～6月
◇果実の時期　10～12月、黄色に熟す

サンショウ　落葉低木。高さ1.5-3m。葉は互生、長さ5-18㎝、小葉は9-19個、長さ1-5㎝幅0.5-2㎝。花房は長さ1-3㎝。果実は径5㎜ほど。写真：右上＝花時、右下＝裂開した果実、左＝果実

サンショウ

山椒／別名ハジカミ
ミカン科
Zanthoxylum piperitum

春に黄緑色の目立たない花をつけるサンショウは、各地の山野に自生する。若い芽や花、果実も食用となる。英名はJapanese pepperで、日本の代表的香辛料といわれる。木が太くなるまで年数がかかるが、擂粉木にも使われる。「木の芽」として売られている若芽、「青山椒」は吸い口にする未熟な果実、「実山椒」は成熟した果実で、佃煮にしたり、粉にしてうなぎの蒲焼に振りかける。果皮は赤くなり、成熟すると黒い種《たね》が現れる。この赤と黒の「二色効果」で、鳥に種子を食べて散布してもらう。鳥も「山椒は小粒でピリリと辛い」などとうなっていたらおもしろい。

◇**分布**　北海道～九州、朝鮮
◇**よく見る場所**　公園・庭
◇**花の時期**　4～5月
◇**果実の時期**　10月、赤色に熟す

ナツミカン　常緑高木。高さ4-5m。葉は互生、長さ10㎝幅5㎝ほど。花は径3㎝ほど。果実は径8-10㎝ほど。写真：右＝果実時、左上＝花時、左下＝レモンの種

ナツミカン

夏蜜柑／別名ナツダイダイ・ナツカン

ミカン科

Citrus natsudaidai

房総では、果汁を食酢として用いるところがある。これで作ったお寿司はさっぱり感があってとてもおいしく、特に夏の盛りには、食が進む。「腐葉土を作るとき、ミカン類の果実を混ぜてはいけない」といわれるほど、殺菌作用がある。果汁に含まれるクエン酸には、腐敗菌の繁殖を抑える働きがあり、疲労回復にも有効。動物は、果皮も果汁も種《たね》もそのまま食べてしまう。私たちは、「温州ミカン」のように接木で増やされ、種《たね》なしになったものばかり食べているので、たまに剥くナツミカンは種《たね》が多くて面倒くさい。しかし、すっぱい顔をしつつもつい食べてしまう。

◇**由来**　一八世紀初め頃、実生から見出された
◇**よく見る場所**　庭・公園
◇**花の時期**　春、香りがある
◇**果実の時期**　翌年の4～5月、黄色く熟す

ミカンの仲間の果実

レモン　果実時（左）とその断面（右）

ウンシュウミカン　最も人気のあるミカン。重さはふつう80～100 gくらい

ブンタン　果実はミカンの仲間で最大、重さ1～2 kgを超えるのもめずらしくない

カタバミ　多年草または一年草。茎は横に這う。葉柄は長さ2-7㎝、小葉は3個、幅0.5-2.5㎝。花は径8㎜ほど。果実は長さ1.5-2.5㎝。写真：右＝果実時、左上＝花時、左下＝裂開した果実

カタバミ

酢漿草・酸漿草／別名スイモノグサ・スグサ
カタバミ科
Oxalis corniculata

カタバミの種《たね》がどのくらいの距離を飛ぶのか実験してみた。大きなブルーシートを広げ、はじけないようにそっと摘んできた果実に触れてみると、最長120㎝を記録した。驚いた―どうりで庭中に広がるはずだ。種《たね》が飛ぶ構造は、果実の中に収まっている種《たね》がゼリー状の薄い膜で包まれていて、それが「柿羊羹」のゴムが一瞬で剥けるがごとく、弾き飛ばすのだ。小学生対象の観察会では、「今から手品を見せます」と言って、カタバミで十円玉を磨いてみせる。葉の中に含まれるシュウ酸という成分で、十円玉はピカピカになり、子どもたちを驚かせる、という仕組みだ。手品にはやはりタネもしかけもあるものだ。

◇分布　北海道～九州、世界の熱帯～温帯
◇よく見る場所　人家のまわり・道端・草地・空き地
◇花・果実の時期　5～9月

ゼラニウム　多年草。茎は高さ20-30㎝を中心に多様な品種がある。葉は円状心臓形から腎臓形。花は径2㎝ほど。写真：右上・右下＝種、左＝花時

ゼラニウム

Geranium／別名テンジクアオイ（天竺葵）

フウロソウ科

Pelargonium × hortorum

アメリカフウロと同じような果実ができる。心皮が巻き上がり、種《たね》を弾き飛ばすかと思いきや、心皮の内側には、美しい絹のような綿毛が内蔵され、巻き上がるにつれらせん状にねじれながら広がる。花が一重のものにだけ果実ができ、八重咲きではみられない。種《たね》から綿毛をはずしたものと、綿毛つき種《たね》とでは、落下時間にかなりの差が出る。以前、種《たね》の図鑑で夏休みの読書感想文を書いている子どもがいた。「図鑑で感想文とは」と感心したが、その中で「フワフワくんとヒラヒラさんの落下実験」と題し、さまざまな種《たね》を試していたのはなおさら感動ものだった。

◇由来　南アフリカ原産の種を中心に交配によってつくられた園芸品種

◇よく見る場所　庭・花壇・鉢植え

◇花・果実の時期　四季咲き性

ゲンノショウコ　多年草。茎は高さ30-50㎝。葉は対生、幅1-8㎝で、下葉は5裂上部の葉は3裂。花は径1-1.5㎝。果実は長さ2㎝ほど。写真：左上＝花と果実

アメリカフウロ　一年草。茎は高さ10-60㎝。葉は対生、幅3-5㎝で深く切れ込む。花は径2㎝ほど。果実は長さ1.5-2㎝。写真：右＝花時、左下＝果実

アメリカフウロとゲンノショウコ

亜米利加風露、現証拠／別名フウロソウ、ミコシグサ
フウロソウ科　アメリカフウロ *Geranium carolinianum*
ゲンノショウコ *G. nepalense* ssp. *thunbergii*

6～7月頃に花が咲き、その後オクラを細長くしたような果実ができる。成熟し乾くと、心皮が巻き上がり、その勢いで中の種《たね》が弾き飛ばされる。自ら弾ける植物の自動散布方法には、このように乾燥によって死細胞組織が収縮するものと、生きた細胞の膨圧の変化によるものがある。移動できない植物の起こす機敏な動きには、驚嘆する。在来種のゲンノショウコには、ぜんまいのように巻き上がりきった様子が御輿のように見えるので、「ミコシグサ」という別名もある。アメリカフウロの種《たね》の表面には網目があるが、ゲンノショウコのほうにはなく、つるっとしている。

◇由来　北アメリカ原産、本州～沖縄に見られる
ゲンノショウコは南千島～奄美大島まで
◇よく見る場所　道端・空き地・土手・畑地・墓地
◇花・果実の時期　3～6月、ゲンノショウコは7～10月

ホウセンカ　一年草。茎は高さ30-70㎝。葉は互生または対生、長さ5-7㎝幅2㎝。花は径4㎝ほど。果実は長さ1.5-2㎝。写真：左上＝果実、左下＝花

インパチエンス　一年草。高さ20-40㎝ほど。葉は互生。花は3㎝ほど。果実は長さ1-2㎝ほど。写真：右上＝果実、右下＝花

インパチエンスとホウセンカ

別名アフリカホウセンカ、鳳仙花
ツリフネソウ科
インパチエンス *Impatiens*、ホウセンカ *I. balsamina*

「私にさわらないで」という花言葉がある。この花を渡されたら最悪だ。インパチエンスもホウセンカも、果実に触れると突然破裂し、中から種《たね》が飛び出す。学名はラテン語で「耐えられない」という意味。そんなところに、花言葉の由来があるのだろう。この弾ける様子がとてもおもしろく、庭中のホウセンカの果実を片っ端から触って回ったことがある。飛び出す種《たね》はどのぐらいの距離を飛ぶのだろう？「発射学」の学者さんは、こうして弾ける植物の果実に注目して研究しているそうだ。膨圧で果実が弾ける植物はほかにもたくさんあり、そんな目で種《たね》を見るのも楽しい。

◇由来　インパチエンスは交配による園芸品種、ホウセンカはインド・中国南部原産
◇よく見る場所　庭・公園
◇花・果実の時期　夏

カクレミノ　常緑高木。高さ3-8m径40㎝ほど。葉は互生、長さ7-12㎝幅3-8㎝。雌雄同株。花は長さ2㎜ほど。果実は長さ1㎝ほど。写真：右＝果実時、左上＝蕾、左下＝果実

カクレミノ

隠蓑／別名ミツナガシワ・ミツデ・ミゾブタ
ウコギ科
Dendropanax trifidus

黒紫色に熟した果実は、ブドウの果実と同じく、白く粉を吹いたようになる。子どもの頃は、農薬がかかっているのだとばかり思っていた。後に植物の果実特有の成分であることを知り、安心した。中の種《たね》は、長楕円形で、長さ6～7㎝。「柿の種」というおつまみにとても似ている。同じウコギ科のヤマウコギやハリギリなどの種《たね》もみんな「柿の種」のようだ。鳥の糞に含まれる種《たね》の調査をしている人によると、カクレミノの種《たね》がヒヨドリなどの糞から見つかっているという。ヒヨドリは都市近郊でよく見かけ、カクレミノも主に都市周辺で繁殖しているものの一つ。

◇**分布**　本州（関東以西）～沖縄、朝鮮、中国
◇**よく見る場所**　庭・街路
◇**花の時期**　7～8月、香りがある
◇**果実の時期**　10～11月、紫黒色に熟す

ヤツデ　常緑低木。高さ1-3m。葉は互生、径20-40㎝。花は径5㎜ほど。果実は径4-5㎜。写真：右上＝蕾、右下＝花時、左＝果実時

ヤツデ

八手／別名テングノハウチワ・ヤツデノキ
ウコギ科
Fatsia japonica

最近は子どもが「竹筒鉄砲」で遊んでいる姿をほとんど見かけないが、幼い頃には、まだ青いヤツデの果実を弾にして竹筒に込めて遊んだものだ。上手に作ると「ポンッ」といい音が響きわたる。前々から欲しかった「肥後守」を手に入れ、竹筒鉄砲や竹の弓矢など、さまざまなものを作った。大人になっていろいろな人に聞いてみると、弾にする素材は湿らせたスギの雄花、ジャノヒゲの種《たね》などさまざま。果実は黒く熟すと、重みで次第に垂れ下がる。果実の枝が倒れると、樹木の中心からさらに新葉が開き始める。円熟するほど頭を低くする姿から、何か学ばされる。

◇**分布**　本州（茨城以南）～沖縄
◇**よく見る場所**　庭
◇**花の時期**　11～12月、香りがある
◇**果実の時期**　翌年4～5月、赤褐色～紫黒色に熟す

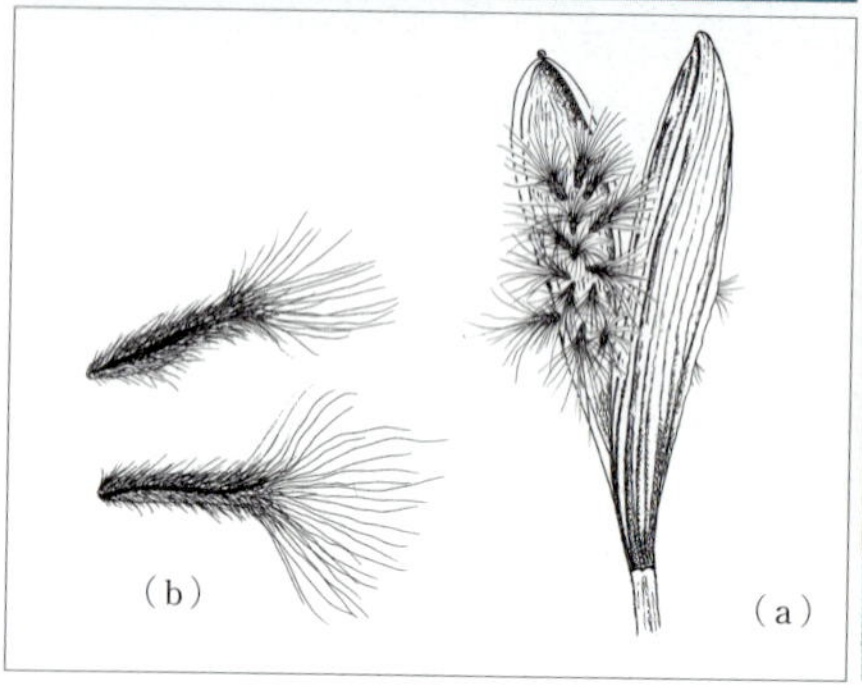

キョウチクトウ　常緑低木。高さ5mほど。葉は輪生、長さ6-20㎝幅1-2㎝。花は径4-5㎝。果実は長さ10-14㎝。写真：右＝花時、左上＝裂開した果実と種、左下＝裂開した果実（a）と種（b）

キョウチクトウ

夾竹桃
キョウチクトウ科
Nerium indicum

公害に強いため、街路樹や植込みなどによく用いられている。生長力も旺盛で、すぐに大きくなる。折ると白い乳液が出るが、これは有毒である。花びらが車のボンネットなどにつくと色素沈着する、という苦情を聞いたこともある。しかし、どのような種《たね》をつけるのか、見たことがある人は少ないだろう。果実は長さ10～14㎝くらいで細長く、葉と見分けがつきにくい。熟すと縦に裂けて、茶色い綿毛を持った種《たね》が飛び始める。瓶に入れ、窓辺に置き、眺めてみるものの、私の知っている綿毛の中ではこれが最も茶色く、植物というよりは、かわいい柴犬の体毛を思わせる。

◇**由来**　インド原産
◇**よく見る場所**　庭・街路
◇**花の時期**　6～9月
◇**果実の時期**　10月

テイカカズラ　常緑つる性木本。つるは径8㎝ほど。葉は対生、長さ3-7㎝幅1.5-2.5㎝。花は径2㎝ほど。果実は長さ15-25㎝。写真：右上＝花時、右下＝果皮と種、左＝裂開した果実

テイカカズラ

定家葛／別名マサキカズラ・チョウジカズラ
キョウチクトウ科
Trachelospermum asiaticum

長さ1.5㎝ほどの細長い種《たね》の先端に、長さ約2.5㎝もの綿毛がつく。こうした長い冠毛《かんもう》を特に「種髪《しゅはつ》」と呼ぶ場合もある。森を歩いていて、テイカカズラの種《たね》がどこからともなくふわふわと飛んでくるのに出会うと、本当に白髪のようだ。つる植物なので、木に這い上がることで位置エネルギーを得て、遠くへ種《たね》を飛ばそうとしているのか。特に森の中では、老木が倒れたり木が切られたりして明るくなった部分は、上昇気流が起こり、種《たね》はそこへと引き寄せられる。こうして明るいところへ、また、種《たね》に冠毛をつけて軽くすることでより遠くへと、適地を求めて飛んでいく。

◇**分布**　本州～九州、朝鮮
◇**よく見る場所**　庭
◇**花の時期**　5～6月、香りがある
◇**果実の時期**　10～翌年1月、褐色に熟す

トウワタ　半低木状の多年草。高さ0.3-2ｍ。葉は対生、長さ5-10㎝幅1-3.5㎝。花は径2㎝ほど。果実は長さ6-10㎝径1-1.5㎝。写真：右＝裂開した果実と種、左上＝花時、左下＝乾燥した果実と種

トウワタ

唐綿
ガガイモ科
Asclepias curassavica

南アメリカ原産の一年草で、観賞用として栽培される。庭にトウワタを植えていたら、カバマダラという蝶が訪れたという例がある。外国でもトウワタは、何千㎞も旅をするというオオカバマダラの食草として知られている。また、この蝶を食べた動物は、すぐに吐き出す。トウワタの毒成分が体内に残っているからだ。動物たちも、経験により、オレンジ色と黒の模様をした蝶はまずいとわかっている。肺と気管支の健康を維持するための薬草としても知られている。細長い果実の中には、美しい絹毛のついた種《たね》が多数入り、ガガイモ、フウセントウワタと似ている。この種《たね》も蝶のように風に舞って散布される。

◇**由来**　熱帯アメリカ原産
◇**よく見る場所**　庭・花壇
◇**花・果実の時期**　4〜9月

フウセントウワタ　半低木状の多年草。高さ1-2m。葉は対生、長さ10㎝ほど。花は小さく花弁の裂片は長さ6㎜ほど。果実は長さ7㎝ほど。写真：果実時

フウセントウワタ

風船唐綿
ガガイモ科
Gomphocarpus fruticosus

フウセントウワタの果実は、一度見たら忘れられない形をしている。まるで怒って膨らんだハリセンボンのようだ。生まれ故郷はアフリカで、高さ1〜2mくらいの低木。日本に入った頃は「風船玉《ふうせんだま》の木」という和名で紹介された。しかし、どうしてあのように果実を膨らませるのだろうか。種《たね》を虫から守るため？　種《たね》をカラカラに乾燥させるため？　想像は膨らむが、はっきりしたことはまだわかっていない。秋から冬にかけて、種《たね》が結実すると、果実が割れ、頂部に絹毛のような真っ白な冠毛《かんもう》のついた黒い種《たね》が飛び始める。順序よく並んだ種《たね》は、旅立ちの順番待ちをしているようだ。

◇由来　アフリカ・アラビア原産
◇よく見る場所　庭・花壇
◇花・果実の時期　7〜8月、果実は秋〜冬

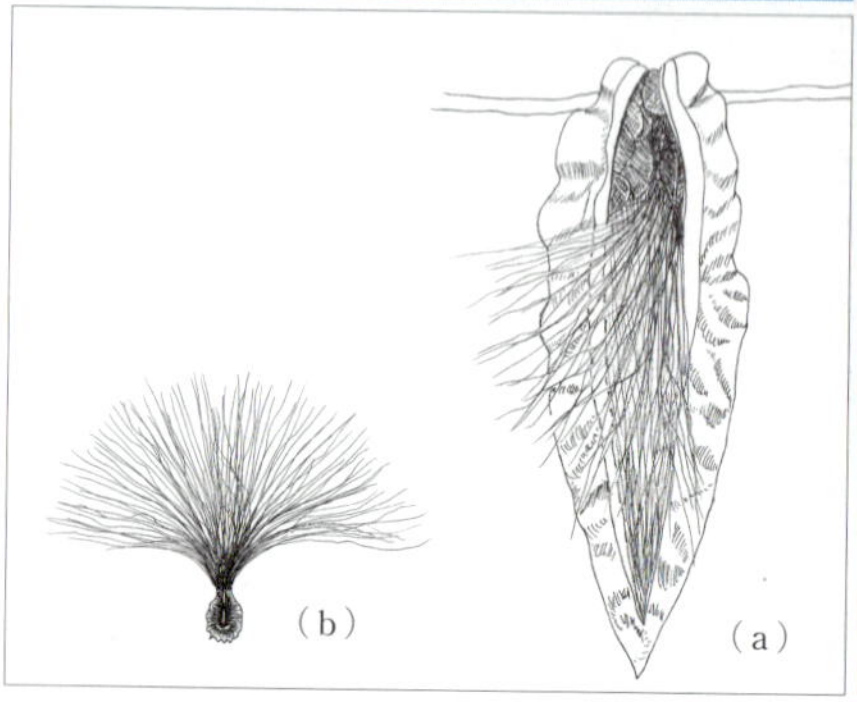

ガガイモ　つる性の多年草。葉は対生、長さ5-10㎝幅3-6㎝。花は径1㎝ほど、花冠は5つに深く裂ける。果実は長さ8-10㎝。写真：右上＝花時、左上＝果実の裂開、左下＝裂開した果実（a）と種（b）

ガガイモ

別名カガミ・カガミグサ・ジガイモ
ガガイモ科
Metaplexis japonica

「ケサラン・パサラン」をご存知だろうか。母の鏡台の引き出しを開けると、フワリと現れて、「見た人は幸せになる」という伝説の不思議な物体。東北地方では「ケッサラ・モッサラ」とも呼ばれるが、これをガガイモの綿毛だとする説もある。野山を歩いているとき、風に乗って運ばれてくる様子は、感動ものだ。「種髪《しゅはつ》」と呼ばれる、細い絹糸のように滑らかな綿毛は、銀色に輝いて本当に美しい。長さ10㎝ほどの果実の中にはたくさんの綿毛が入っていて、昔はこれを集めて針刺しの中身にしたり、朱をしみこませて印肉に使用したりした。

◇**分布**　北海道～九州、朝鮮、中国
◇**よく見る場所**　空き地・草地・河川敷の藪
◇**花・果実の時期**　8月頃、花には香りがある

ワルナスビ　多年草。茎は高さ50-100㎝。葉は互生、長さ8-15㎝幅2-6㎝。花は径1.8㎝ほど、花冠は5裂。果実は径1.5㎝ほど。写真：右上＝花、右下＝花時、左＝果実

ワルナスビ

悪茄子／別名オニナスビ・ノハラナスビ
ナス科
Solanum carolinense

街路樹、低木の植込みに、何ともかわいく連なるオレンジ色の果実を見つけた。持ち帰ろうとして手を出したところ、鋭い刺《とげ》にやられてしまった。明治初期に、千葉県の牧場に侵入した外来植物で、当時はオニナスビ、オニクサと呼ばれた。現在では、日本中どこにでも普通に見られるようになった。ほんの少し根が残っているだけで繁殖するため、畑などで問題の雑草となっている。これをワルナスビと名づけた、牧野富太郎の命名はふさわしいものだ。かわいらしさに誘われて思わず食べてしまった友人の話によると、苦かったのですぐに吐き出したという。中の種《たね》は、やはりナスやピーマンの種《たね》に似ている。

◇由来　北アメリカ原産、本州～沖縄に見られる
◇よく見る場所　道端・空き地・公園
◇花・果実の時期　6～10月、果実はみかん色に熟す

ホオズキ　多年草。茎は高さ60-90㎝。葉は互生、長さ5-12㎝幅3.5-9㎝。花は径1.5㎝ほど。果実は1-1.5㎝。写真：右＝果実時、左＝花

ホオズキ

酸漿・鬼灯／別名カガチ・アカガチ・ヌカズサ

ナス科

Physalis alkekengi var. *franchetii*

鬼灯《ほおずき》市に象徴されるように、古くから庶民に親しまれてきた植物といえる。利尿や咳止めの薬効もあり、仏式の装飾品にも用いられることから、人家の庭先などでよく栽培されている。花のあと、果実は珊瑚玉のように丸く朱色に熟し、同時に萼《がく》は袋状に膨らんで、果実を覆うように包む。萼がそのように発達するのは、中の赤い果実に虫がやってくるのを防ぐためという説もあるが、袋状の萼に風を受けて転がることで、種《たね》の散布距離を伸ばす目的があるとも考えられる。ほかにも、萼などが紙風船のように軽く、風で飛ばされて転がり散布をする植物には、フウセンカズラ、木本のモクゲンジなどがある。

◇**由来**　アジア原産とされ、栽培の歴史は古い

◇**よく見る場所**　庭・畑地・人家のまわり

◇**花・果実の時期**　6～7月、果実は8月に熟す

ナス科の花と果実

ヒヨドリジョウゴ　多年草。茎はつる状。葉は互生、長さ3-10㎝幅2-6㎝。花は径1㎝ほど。果実は径8㎜ほど。写真：右上＝花時、左上＝果実時

イヌホオズキ　一年草。茎は高さ20-60㎝。葉は互生、長さ3-10㎝幅2-6㎝。花は径0.7-1㎝。果実は径6-7㎜。写真：右中＝果実時、左中＝花時

オオセンナリ　一年草。茎は30-80㎝。葉は互生、長さ5-10㎝。花は径3㎝ほど。果実は長さ径1.5㎝ほど。写真：右下＝花時、左下＝果実時

ヨウシュチョウセンアサガオ　一年草。高さ1-2m。葉は互生、長さ8-15cm。花は長さ7-9cm径3-4cm。果実は球形、径3-4cm。写真：右上＝草姿、左上＝裂開した果実、右下＝ダチュラ、左下＝ケチョウセンアサガオ

ヨウシュチョウセンアサガオ

洋種朝鮮朝顔
ナス科
Datura stramonium

最近、さまざまな色のエンゼルトランペット（別名、ダチュラ）が庭先に植えられているのをよく見かける。15cmを超える大きなトランペットのような花の様子や、芳香があることから、人気が高い。この植物の仲間であるチョウセンアサガオからは麻酔薬の原料が得られ、江戸末期の医者華岡青洲《はなおかせいしゅう》がこれを用いて麻酔薬を作った。彼の妻や母親が人体実験の被験者となったことはよく知られている。チョウセンアサガオは全草に有毒成分を含んでいるが、特に種《たね》の部分の毒性が強い。

最近、野生化しているものには、熱帯アメリカ産のヨウシュチョウセンアサガオや北アメリカ産のケチョウセンアサガオなどがある。

◇**由来**　熱帯アメリカ原産、北海道〜九州に見られる
◇**よく見る場所**　空き地・道端・荒れ地
◇**花・果実の時期**　夏〜秋

菜園で見られるナス科の花と果実

トマト　写真：右上＝花、左上＝果実

ナス　写真：右中上＝果実、左中＝花

ピーマン　写真：右中下＝花、左中＝果実

ジャガイモ　写真：右下＝花

ハマヒルガオ　多年草。葉は互生、長さ2-4㎝幅3-5㎝。花は径4-5㎝。果実は径0.8㎝ほど。写真：右上＝花、左下＝果実時

ハマヒルガオ

浜昼顔
ヒルガオ科
Calystegia soldanella

江戸川区の葛西臨海公園内の人工の渚に、代表的な海浜植物のひとつであるハマヒルガオが見られる。この植物は、風で砂が動いても、砂中に深く白色の根を伸ばして踏んばる。茎は砂の上を這い、ほかのものに巻きついて広がり、砂浜に群落をつくる。このような植物の種《たね》は、ヤシの果実のように海流散布されるものが多い。ハマヒルガオの種《たね》も、堅い皮を持つため、塩水に強い。種《たね》を割ってみると、中の胚や胚乳、子葉となる部分に隙間があり、水に浮きやすいつくりになっている。このような工夫は、灼熱地獄となる砂浜という環境で種《たね》を熱と乾燥から守る役割も果たしている。

◇**分布**　北海道～沖縄、ユーラシア、オーストラリア
◇**よく見る場所**　浜辺
◇**花・果実の時期**　5～6月

ヒルガオの仲間の花と果実

コヒルガオ　つる性の多年草。葉は互生、長さ3-6㎝。花は長さ3-3.5㎝。写真：右上＝果実と種、左上＝花時

ヒルガオ　つる性の多年草。葉は互生、長さ5-10㎝。花は長さ5-6㎝。写真：右中＝花時、左中＝果実

アサガオ　つる性の1年草。葉は互生、長さ10㎝ほど。花は径10㎝ほどから径20㎝をこえるものまで。果実は径1㎝ほど。写真：右下＝果実、左下＝花

ムラサキシキブ　落葉低木。高さ2-3m。葉は対生、長さ5-10cm幅2-5cm。花は長さ3-5mm。果実は径3mmほど。写真：右＝果実時、左上＝コムラサキ果実時、左下＝同花時

ムラサキシキブ

紫式部
クマツヅラ科
Callicarpa japonica

属名の*Callicarpa*は、ギリシア語で「美しい実」の意味で、学名は「日本の美しい実」となる。秋、人のよく通る林の縁などで、青紫色の「美しい実」をつけた姿は、目を楽しませてくれる。その枝は、光を求め、道の方へしなだれて突き出し、鳥にアピールしているようだ。実際、鳥についばまれるためか、きれいにそろったムラサキシキブの果実はあまり見つけられない。このように林の縁という環境で果実をつけている低木は数多く、鳥もそれをよく知っているようだ。よく庭に植えられるのはコムラサキで、実つきもよく、すべて葉の上側につき、見栄えがする。

◇**分布**　本州（宮城以南）～九州、朝鮮
◇**よく見る場所**　庭園・庭
◇**花の時期**　6～7月
◇**果実の時期**　10～11月、紫色に熟す

クサギ　落葉低木。高さ4-8m。葉は対生、長さ8-15cm幅5-10cm。花は径2-2.5cm。果実は径6-7mm。写真：右下＝花時、左上＝果実時

クサギ

臭木
クマツヅラ科
Clerodendrum trichotomum

赤い花に見える星型の萼《がく》の上に、藍色の熟した果実がつき、鳥の目を引く。クサギは、伐採などで林内が明るくなると「埋土種子」が一斉に発芽して育つ、典型的な陽樹。林の土の中にはこんな種《たね》がいったいどのくらい眠っているのだろう。イヌザンショウやハゼノキ、タラノキなども陽樹、アカメガシワは10年も発芽を待つことができる。反対に、短命なものはヤナギ科の種《たね》で、一～数週間という。「埋土種子」となる陽樹は、自然界における「絆創膏」のようなもの、森林の破壊された傷口をふさぐ役割を持つ。すばやく根を張り土砂崩れや土の乾燥を防ぐ働きをしている。

◇**分布**　北海道～沖縄、朝鮮、中国
◇**よく見る場所**　庭
◇**花の時期**　7～9月、香りがある
◇**果実の時期**　10～11月、藍色～黒色に熟す

ホトケノザ　二年草。茎は高さ10-30㎝。葉は対生、長さ幅とも1-2.5㎝。花は長さ1.7-2㎝ほど。写真：左上＝花、左下＝花時

ヒメオドリコソウ　二年草。茎は高さ10-25㎝。葉は対生、基部の葉は長さ1.5-3㎝ほど。花は長さ1㎝ほど。果実は長さ1.5㎜。写真：右＝花時

ヒメオドリコソウとホトケノザ

姫踊り子草、仏の座／別名サンガイグサ
シソ科　ヒメオドリコソウ *Lamium purpureum*、ホトケノザ *L. amplexicaule*

ホトケノザの花をのぞき込むと、細長い唇型の花の横に、丸い蕾《つぼみ》が見える。「これから開くのだろう」と思い込んでいたが、じつはこれは蕾のまま開かず同花受粉して結実する閉鎖花だ。ほかの株から虫が花粉を運んで受粉する他家受粉だけに頼るのではなく、虫がやってこなかった場合の保険としてクローンを作り、種族を残そうとする試みだ。種《たね》には種枕《しゅちん》がついていて、ばらまかれた後もアリによって散布される。ホトケノザもヒメオドリコソウもアリ散布なので、それほど種《たね》を重くはしていない。アリがどのくらいの重さまで運べるのかを知っているかのようである。

◇**由来**　ヨーロッパ・小アジア原産、日本全土に見られる　ホトケノザは本州～九州、東アジア～アフリカ
◇**よく見る場所**　道端・空き地・河川敷
◇**花・果実の時期**　5～6月、ホトケノザは3～6月

オオバコ　多年草。葉は長さ1-15㎝ほどまで。花茎は高さ10-50㎝、花は長さ5㎜ほど。果実は長さ4㎜ほど。写真：右上＝花、右下＝乾燥した果実と種、左＝草姿

オオバコ

大葉子・車前草／別名オンバコ・オンバク・マルコバ
オオバコ科
Plantago asiatica

山で道に迷ったときには「オオバコを探せ」という合言葉が、山に住む「マタギ」の人々の間にはあるそうだ。雨に濡れた種《たね》はゼリー状物質でくるまれ、靴底や車輪に付着しやすくなる。そのため、人が一度でも歩いた場所には種《たね》が散布され、オオバコが生えているので、それをたよりに進むと人里にたどりつけるというわけだ。興味深いことに、学名の中のplantは「足跡」を意味するラテン語である。そのゼリー状物質は、実際には土の中で種を乾燥から護る働きもしていて、その成分は、満腹感を感じさせる薬としても使われる。漢方で車前草《しゃぜんそう》、種《たね》を車前子《しゃぜんし》と呼び、咳止めや痰の薬として用いられる。

◇**分布**　北海道～沖縄、千島、樺太、朝鮮、中国
◇**よく見る場所**　道端・空き地・河川敷
◇**花・果実の時期**　4～9月

オリーブ　常緑高木。高さ7-10mほど。葉は対生、長さ4-8cm幅1cmほど。花は径3mmほど。果実は長さ1.5-4cm。写真：右＝果実、左上＝花時、左下＝若い果実

オリーブ

Olive

モクセイ科

Olea europaea

聖書の創世記には、ノアが箱舟から飛ばしたハトが帰ってきたとき、「むしりとったばかりのオリーブの葉がそのくちばしにあった。それでノアは、水が地から引いたことを知った」というあまりにも有名な一節がある。この植物は聖書中で、豊かな実り、美、威光などの象徴とされている。オリーブは隔年結実で、よく果実が実った翌年は不作となる。若い果実は、塩水に浸して苦味を抜き、生で、またピクルスにして食す。採れたての果実には果肉に油が全体の重さの30％含まれ、よい木なら、一本から年間38〜57リットルの油が採れ、5、6人家族の使う分がまかなえる。

◇**由来**　北アフリカ原産の種などから育成された

◇**よく見る場所**　公園・庭

◇**花の時期**　5〜6月、香りがある

◇**果実の時期**　10〜11月、黒紫色に熟す

トウネズミモチ　常緑高木。高さ2-10m径3-10㎝。葉は対生、長さ6-12㎝幅3-5㎝。花は長さ3-4㎜。果実は径8-10㎜。写真：左＝果実時

ネズミモチ　常緑高木。高さ2-5m径10-30㎝。葉は対生、長さ4-10㎝幅2-5㎝。花は長さ5-6㎜。果実は長さ8-10㎜。写真：右上＝果実時、右下＝花時

ネズミモチとトウネズミモチ

鼠黐／別名タマツバキ・テラツバキ、唐鼠黐
モクセイ科　ネズミモチ *Ligustrum japonicum*、トウネズミモチ *L. lucidum*

果実がネズミの糞に、枝や葉がモチノキに似ているので名づけられた。葉を揉むと青リンゴのような爽やかな香りがし、花が咲き始めると、むせ返るような匂いが、木の存在を知らせる。10月頃、黒紫色の果実ができる。中の種《たね》は4～10㎜と、大きさの差が激しい。果実が熟した頃、もぎ取ってそのまま指でつぶすと、中から種《たね》が飛び出す。それがおもしろく、やたら友達同士ぶつけ合って遊んだことが懐かしい。都市に生息する鳥の糞からは、両種の種《たね》が多く発見され、「植えてもいないのに庭に生えた」という話もよく耳にする。

◇**分布**　本州～沖縄、朝鮮、中国、台湾
トウネズミモチは中国原産
◇**よく見る場所**　庭・街路
◇**花の時期**　6月、香りがある
◇**果実の時期**　11月、黒紫色に熟す

オオイヌノフグリ　二年草。茎は長さ10-30㎝。葉は茎の下部で対生上部で互生、長さ0.6-2㎝。花は径約8㎜。果実は約8㎜。写真：上＝花時、左下＝果実

オオイヌノフグリ

大犬陰嚢
ゴマノハグサ科
Veronica persica

果実の形が犬のふぐり（陰嚢）に似ているのでその名前があるが、ハート型でかわいらしくも感じる。群生し、花が咲いている姿は綺羅星のごとく、本当に心惹かれる。花摘みをして持ち帰ろうとし、ふと気づくと花冠がすべて落ちてしまい、ショックを受けたことがある。果実が結実して、種《たね》が出てきたところは、干しあんずを小さくしたような形をしている。鳥が食べるわけでも、風に飛ばされるわけでも、弾けるわけでもないこのような種《たね》は、親植物が生えている場所を生態的適地とみなして、あまり距離を伸ばさない。落ちた種《たね》は、翌年咲くまでの間、「埋土種子」となって眠り続け、春に目覚める。

◇**由来**　ユーラシア・アフリカ原産、日本全土に見られる
◇**よく見る場所**　道端・草地・河川の土手
◇**花・果実の時期**　3～5月

キリ　落葉高木。高さ8-10m径30-40㎝。葉は対生、長さ10-30㎝幅10-20㎝。花は長さ5-6㎝。果実は長さ3-4㎝。写真：右上＝若い果実、右下＝果皮と種、左＝花時

キリ

桐／別名ヒトハグサ・ヒトハグワ・ハナギリ
ゴマノハグサ科
Paulownia tomentosa

生長は速く、切ってもまたすぐに芽を出すため、キリ（切り）の名がついた。10月頃、果実が熟し、木質化してとがった卵形となる。その後2裂して、中から極小の種《たね》が飛ばされる。種《たね》を虫眼鏡で見ると、まわりに数枚の膜質の翼がついている。この種《たね》の姿は、手品師の掌《てのひら》から次々出てくる花のように見え、細かい種《たね》が飛んでいく様子は、まるで白い煙が流れていくようだ。種《たね》をより遠くに飛ばしたいのだろうか、ぐんぐん枝を伸ばし、果実も上向きに開く。果実が空っぽになった頃、拾い集めてきてクラフトに使う。二つ割りにして花びらのように並べて貼りつけ、壁に飾る。

◇**由来**　中国中部原産
◇**よく見る場所**　公園・庭園・庭・街路
◇**花の時期**　5～6月
◇**果実の時期**　10月、茶褐色に熟す

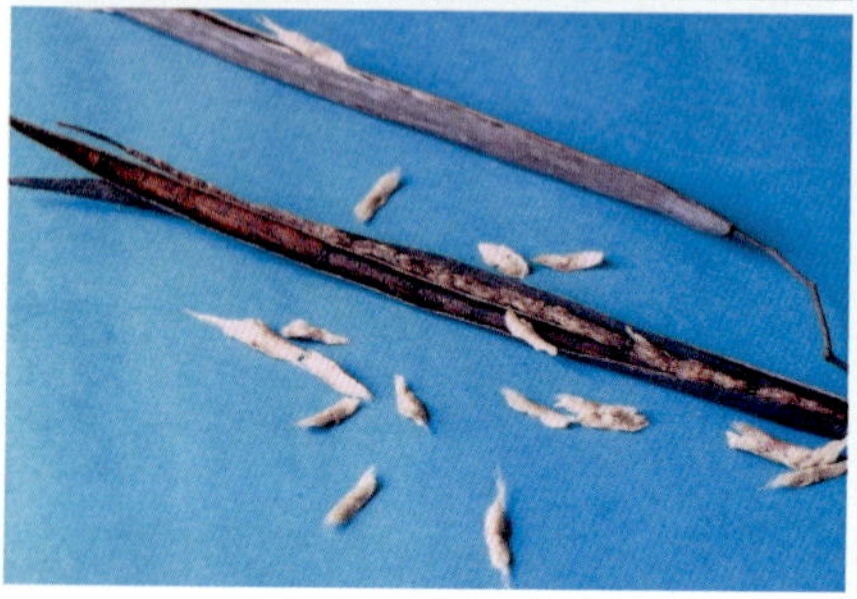

キササゲ　落葉高木。高さ10m径70cmほど。葉は対生、長さ10-25cm幅7-20cm。花は長さ2-3cm。果実は長さ30-40cm。写真：右＝若い果実時、左上＝花時、左下＝果実と種

キササゲ

木大角豆・梓樹・木豇豆
ノウゼンカズラ科
Catalpa ovata

池の水面に何かが浮いて、真っ白になっていた。見ると、近くのキササゲの大木から風に乗って飛んできた種《たね》だった。扁平な長楕円の種《たね》の両端に長い毛がつき、ふわりふわりと莢の中から送り出されていく。木の下に落ちた30～40cmほどもあろうかという莢を拾い、注意深く開くと、中には芯があり、それに沿うように種《たね》がはさまれていた。順序よく並んで発射を待つグライダーのようだ。キササゲの名は、木に生るササゲの意味だが、豆とは似ても似つかない種《たね》が入る。川岸などで野生化していることから、風で飛ばされた後に水で運ばれることもあるのではないだろうか。

◇**由来**　中国原産
◇**よく見る場所**　公園・庭・神社・寺院
◇**花の時期**　6～7月
◇**果実の時期**　10月、黒褐色に熟す

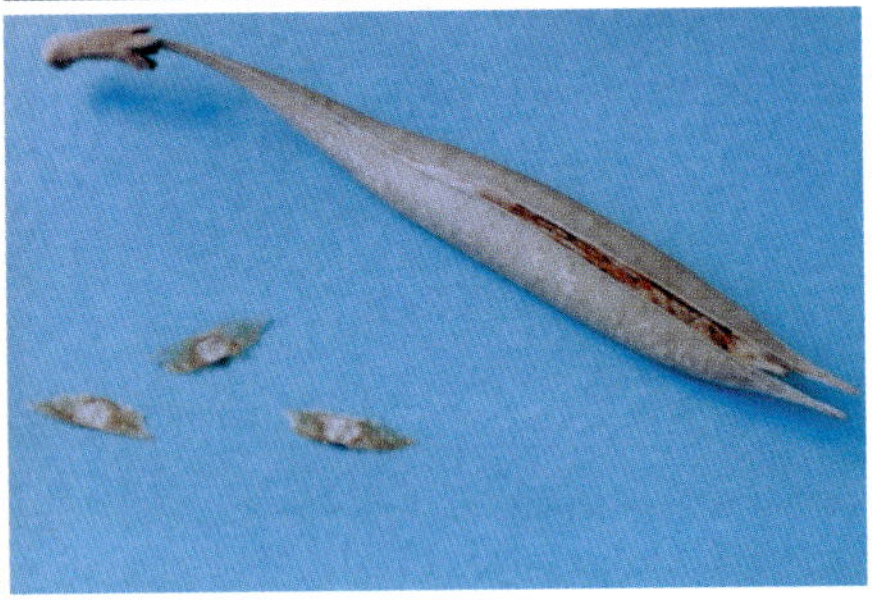

ノウゼンカズラ　落葉つる性木本。つるは径7㎝ほど。葉は対生、長さ20-30㎝、小葉は5-9個、長さ3.5-6.5㎝。花は長さ5-6㎝。果実は長さ10㎝ほど。写真：右上＝花、右下＝果実と種、左＝花時

ノウゼンカズラ

凌霄花・紫葳／別名ノウゼン・ノウショウ
ノウゼンカズラ科
Campsis glandiflora

濃いオレンジ色の花と、深い緑色の葉は、まったく夏にふさわしい。うだるような暑い日でも目を楽しませてくれ、元気が出る。秋、実る果実は太い莢状。筋にそって裂けると、中からグライダー型の種《たね》が飛び始め、風で遠くに運ばれる。種《たね》についている翼はオブラートのように薄く、「これ以上は無理」というほど、究極まで軽量化を図っている。何十枚もの種《たね》がすべて矛先を外に向けて並ぶ。上へ上へとつるが這い上り、高い位置に果実を持ち上げていることも、種《たね》をより遠くへ飛ばすための飽くなき努力のように思える。その見事なつくりは「知的設計《インテリジェント・デザイン》」を感じさせる。

◇**由来**　中国原産
◇**よく見る場所**　公園・庭
◇**花の時期**　7～8月
◇**果実の時期**　8～10月、緑褐色に熟す

クチナシ　常緑低木。高さ1-2m。葉は対生ときに3輪生、長さ5-12㎝幅2.5-5㎝。花は径5-6㎝。果実は長さ2㎝ほど。写真：右＝花時、左下＝果実時

クチナシ

梔子
アカネ科
Gardenia jasminoides

漢方薬や染料に果実を使う。無毒なので、栗、きんとん、たくあんなどの食品の着色に使われる。栗入りきんとんを作るときに使ったことがある。消炎と止血、解熱などの薬用にも用いられるが、身体面だけでなく精神面にも効き目があり、いらいら防止や精神を安定させる効果が高い。2～3時間煮出し、お茶として楽しむこともできる。花は香料にするが、果実は一重咲きの株にしか結実しない。中の種《たね》は、多数。扁平で、長さ約4㎜。果実が裂開しないため、「口無」の名前がついたという説がある。鳥がついばんでいるのを見かけるので、種《たね》は、鳥散布だと思われる。

◇**分布**　本州～沖縄、中国、台湾、インドシナ
◇**よく見る場所**　庭
◇**花の時期**　6～7月、香りがある
◇**果実の時期**　11～12月、黄赤色に熟す

コーヒーノキ 常緑小高木～低木。高さ4.5 mほど。葉は対生、長さ7.5-15㎝。花は小さく、4-5個が集まる。果実は2個の種を含む。写真：上＝果実、右下＝種、左下＝花時

コーヒーノキ

珈琲の木／別名アラビアコーヒー
アカネ科
Coffea arabica

コーヒー好きの方も多いと思うが、「イタチコーヒー」のことはご存知だろうか。東南アジアに生息するジャコウネコの仲間は、完熟した果物を好む習性を持つ。これに注目したコーヒー農園主が、この動物の力を借りることにした。胃袋にいったん入った果実は、果肉だけ消化され、種《たね》が胃酸の刺激によって目ざめて「発芽コーヒー」となり、しかも腸内の消化酵素の働きにより独特の香味も加わって排出される。それらを拾い集めて洗浄し、その種《たね》をローストして入れたコーヒーは、「世界一おいしい！」といううわさだ。高価だが、なかなかの人気があるらしい。

◇**分布**　エチオピア原産
◇**よく見る場所**　植物園
◇**花の時期**　夏～秋、香りがある
◇**果実の時期**　秋

ヘクソカズラ　つる性の多年草。葉は対生、長さ4-10㎝幅1-7㎝。花は長さ1㎝ほど。果実は径5㎜ほど。写真：右＝果実時、左上＝花時、左下＝若い果実

ヘクソカズラ

屁糞葛／別名ヤイトバナ・サオトメバナ・ヒョウソカズラ
アカネ科
Paederia scandens

秋、黄褐色の艶のある実が集まりついて、いかにも美しく見えるが、揉むと屁《へ》と糞《くそ》のような、いや〜な匂いがすることから、この名前がつけられた。『万葉集』でも「クソカズラ」と詠まれ、中国名も「鳥屎《ふん》藤」とある。しかし、別名のサオトメカズラ（早乙女葛）は、早乙女の被る笠に見立てたもの。果実は核果。中に2個の核があり、種《たね》は1個ずつ入っている。果実はしもやけの薬として利用されてきた。果実をつぶすと特に臭うので、おそるおそる子どもたちと試してみる。観察会に集まった子どもたちからは決まっておもしろい反応が返ってくるが、そんな中には「よい匂いだ」という子もいて、驚かされる。

◇**分布**　北海道〜沖縄、東南アジア
◇**よく見る場所**　道端・空き地・林の縁
◇**花・果実の時期**　8〜9月

ニワトコ　落葉低木または高木。高さ2-6m。葉は対生、長さ8-30㎝、小葉は3-9対長さ3-10㎝幅1-3.5㎝。花は径3-5㎜。果実は長さ3-4㎜。写真：右＝花時、左＝果実時

ニワトコ

接骨木／別名タズノキ・コモウツギ・キタズ
スイカズラ科
Sambucus racemosa ssp. sieboldiana

春まだ浅い頃、いち早く芽吹くので、よく目立つ存在。蕾《つぼみ》はかたまってつき、ブロッコリーのように見える。日本のニワトコの果実は赤くなるものの、味は青臭くてまずいという評判がある。しかし、セイヨウニワトコの果実は、古代エジプト時代から何世紀にもわたりヨーロッパで「エルダーベリー」と呼ばれ、用いられてきた。豊富なビタミン、ポリフェノールやアミノ酸を含み、健康によいとされる。クロスグリなど、ほかの果実と合わせてミックスジュースにもする。セイヨウニワトコの果実酒は、「エルダーワイン」と呼ばれ、多くの人々に現在も愛飲されている。

◇**分布**　本州～九州
◇**よく見る場所**　公園・庭・雑木林
◇**花の時期**　3～5月、香りがある
◇**果実の時期**　6～8月、暗赤色に熟す

サンゴジュ　常緑高木。高さ5-6m。葉は対生、長さ7-20㎝幅4-8㎝。花穂は長さ5-16㎝、花は径6-8㎜。果実は径7-9㎜。写真：右＝樹形、左＝果実

サンゴジュ

珊瑚樹／別名ヤブサンゴ・イヌタラヨウ・シマタラヨウ
スイカズラ科
Viburnum odoratissimum var. *awabuki*

丸く、たくさん密生した赤い果実を珊瑚に見立ててこの名がある。果実の先端に雌しべの柱頭が残り、房状になっている様は、珊瑚玉に穴を開けて通したようだ。金銀の針金を、抜けないように先端をつぶして固定した、簪《かんざし》の珊瑚飾りに似ている。葉はクチクラ層が発達しているため、分厚く、ちぎろうとすると糸を引いて粘る。この性質を利用し、防火樹として植栽されることが多く、実際、阪神大震災のときに延焼を免れた例もある。環境適応力があり、大気汚染にも強い。サンゴジュハムシの、春は幼虫が、夏は甲虫が葉を食べるため、穴が開いた葉もよく目にする。

◇**分布**　本州（関東以南）～沖縄
◇**よく見る場所**　公園・庭・街路
◇**花の時期**　6～7月、香りがある
◇**果実の時期**　9～10月、赤色から黒色に熟す

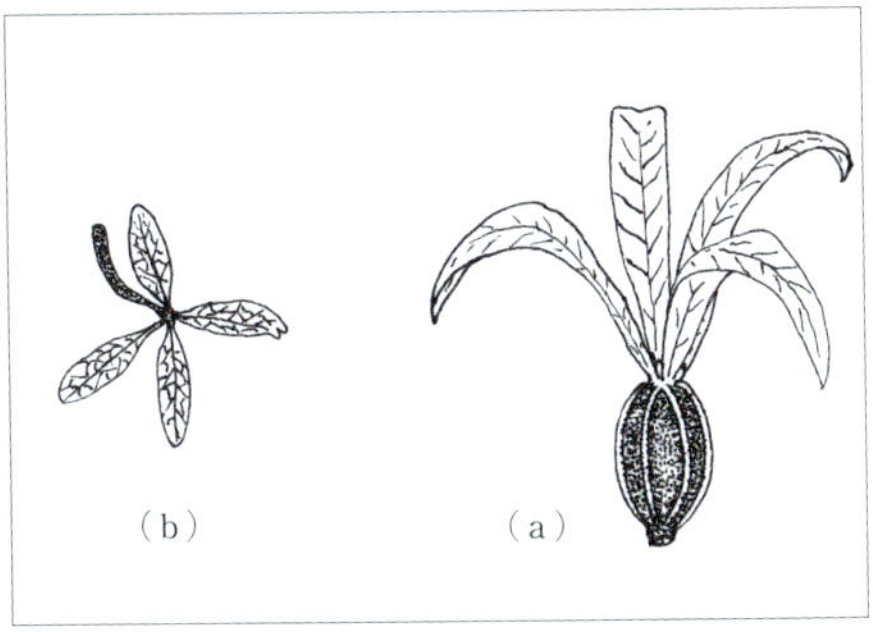

アベリア　半常緑低木。高さ1-2m。葉は対生、長さ2-4㎝。花は長さ2-3㎝。果実はほとんどつかない。
写真：右上＝花時、右下＝ツクバネウツギの果実（a）とアベリア（b）、左＝花

アベリア

Abelia／別名ハナゾノツクバネウツギ
スイカズラ科
Abelia × grandiflora

アベリアの別名は「ハナゾノツクバネウツギ」という。ツクバネウツギの仲間は、花が咲き終わった後の種《たね》が羽根つきの羽根に見えることから、「ツクバネ」の名がつけられている。3～6枚の羽根を持った種《たね》をたくさん摘み取り、一つずつ落としてみると、くるくる回転する様子がヘリコプターのように見える。アベリアは、交配によって人工的につくりだされた園芸品種なので、ほとんど結実しないにもかかわらず、種《たね》を遠くに運ぶためのプロペラを一つ一つの花が用意しているさまは、なんとも可憐である。別名のとおり、花園にふさわしい花だ。

◇**由来**　交配により作られた園芸品種
◇**よく見る場所**　植込み・路側帯
◇**花の時期**　夏～秋
◇**果実の時期**　秋

オオブタクサ　一年草。高さ1-3m。葉は対生、長さ20-35㎝、掌状に3-5裂。雄花序は長さ5-20㎝、雌花は数個がかたまってつく。果実は長さ0.7-1㎝。写真：右上＝花時、左上＝果実時、左下＝種

オオブタクサ

大豚草／別名クワモドキ
キク科
Ambrosia trifida

高さ3m以上にもなり、大量の花粉を飛ばす、北アメリカ原産の一年草。わりと湿地を好み、各地の河川敷などを中心に広がっている。海岸で漂着種子の調査を行うと、このオオブタクサの種《たね》がたくさん見つかる。種《たね》を割ってみると、中には多くの空隙があり、水に浮いて、水散布されやすい構造になっていることがわかった。同じキク科のブタクサの種《たね》も形態はオオブタクサにそっくりで、ひとまわり小さくした感じだ。どちらも軸の先端が大きくとがった、コマのような姿をしていて、それを囲むように6個の突起がある。緑色のうちに見ると、人工衛星を思わせるようなデザインだ。

◇**由来**　北アメリカ原産、北海道〜九州に見られる
◇**よく見る場所**　道端・空き地・河川敷
◇**花・果実の時期**　7〜9月

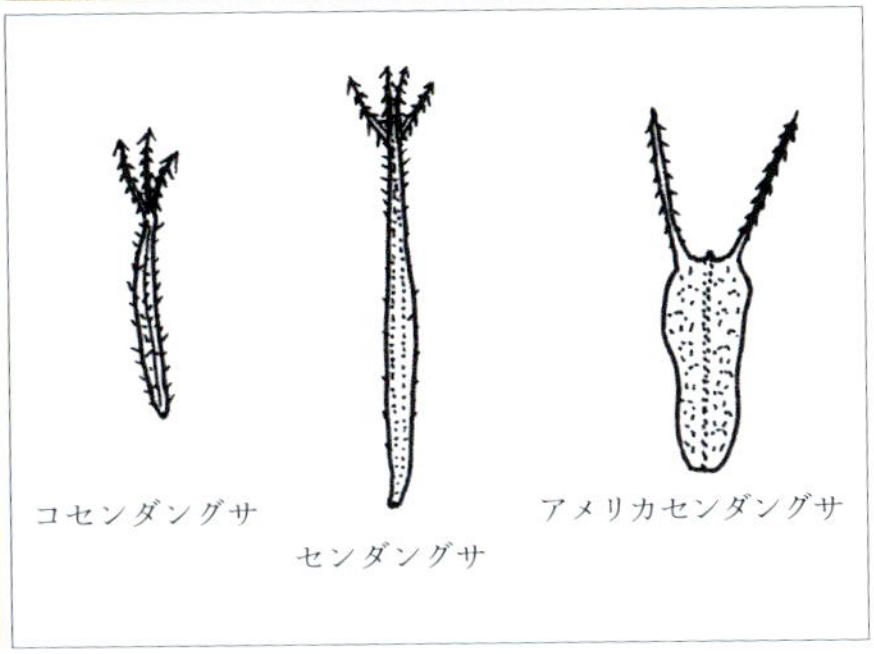

アメリカセンダングサ　一年草。茎は高さ1-1.5m。葉は対生、羽状複葉、小葉は3-5個。頭花は径1-2㎝。果実は長さ6-10㎜。写真：左上＝果実、左下＝花時

コセンダングサ　一年草。茎は高さ25-85㎝。葉は対生、羽状複葉、小葉は3-11個。頭花は径1㎝ほど。果実は長さ7-13㎜。写真：右上＝果実

アメリカセンダングサ

別名セイタカタウコギ
キク科
Bidens frondosa

種《たね》が放射状に広がり、この植物には、「どの方向から来る相手にもくっついてやる！」という意志の表れを感じる。初めてこの種《たね》をルーペで見たとき、「フォーク型だぁ！」と思った。さらによく見ると、フォークの先割れした一本一本には、返し針のような下向きの刺《とげ》が出ていて、セーターなどに引っかかるとなかなか抜けにくい構造になっている。しかも、先割れの部分と種《たね》の境は折れやすく、何かの衝撃で落下し、そこに散布されるという仕組みだ。道端でやたらと見かけるだけに、このようなメカニズムがわかると、感動して鳥肌が立つ。ちなみに、センダングサは三～四股だが、アメリカセンダングサは二股だ。

◇**由来**　北アメリカ原産、日本全土に見られる
◇**よく見る場所**　河川敷・水路・公園の池の縁
◇**花・果実の時期**　9～10月

ヒマワリ　一年草。高さ2-4m。葉は互生、長さ10-30cm。頭花は径8-30cmから60cmくらいまで。果実は長さ1cmほど。写真：右＝花、左上＝果実時、左下＝種

ヒマワリ

向日葵
キク科
Helianthus annuus

学名の*Helianthus*はギリシア語で「太陽の花」という意味。太陽の恵みをいっぱいに受け、びっしりと詰まった種《たね》はらせん状を描き、そのデザインもすばらしい。種《たね》を絞ってヒマワリ油を採ったり、そのままナッツ感覚で食したり、茎や葉は飼料に、花は蜜源となり、薬用にもされる。じつに有用な植物。私には夏休みの花というイメージがある。二学期が始まり、見事に立ち枯れたヒマワリには、さまざまな鳥たちが訪れ、種《たね》をついばんでいく。こぼれ落ちたり、鳥がつつき落としたものは翌年、発芽することができる。鳥に恵みを与えつつ、自らも発芽に適切な数まで種《たね》を減らしているとしたら、大したものだ。

◇**由来**　北アメリカ原産
◇**よく見る場所**　庭・花壇
◇**花・果実の時期**　7～9月

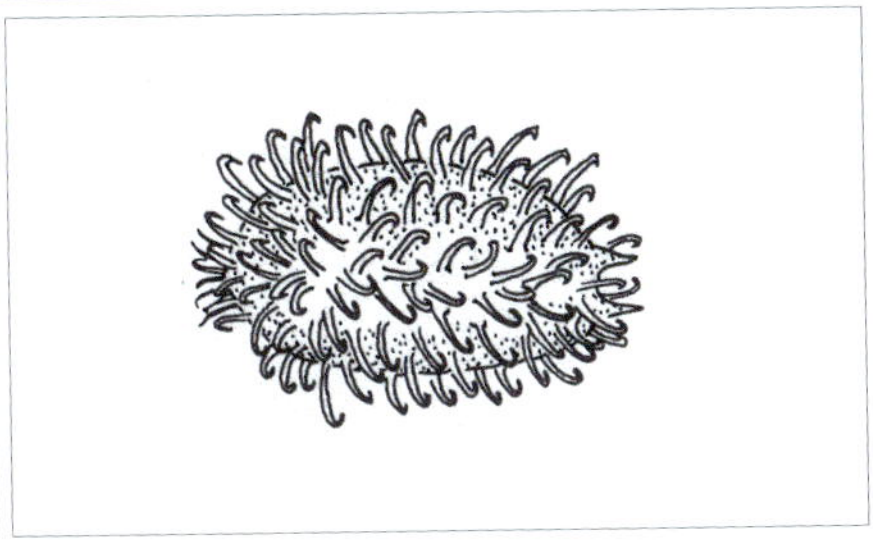

オオオナモミ　一年草。茎は高さ0.5-2m。葉は互生、長さ5-15㎝幅4.5-15㎝、3-5個に裂ける。雌雄同株。いがは長さ1.5-2.5㎝幅1-1.8㎝。写真：右上＝草姿、右下＝果実、左＝果実時

オオオナモミ

大葈耳
キク科
Xanthium occidentale

命名には二説がある。毒蛇にかまれたとき、生の葉を揉んで、傷口につけると痛みが和らぐことからつけられたというのが一つ、もう一方は果実が衣服につくことを「ナズム（滞り、引っかかるという意）」といい、そこから「ナモミ」になったというもの。生薬で、種《たね》は「蒼耳子《そうじし》」と呼ばれ、その油には、リノール酸が60〜65％含まれている。外国では「いがのファスナー」とも呼ばれ、マジックテープ開発のヒントとなったのは有名。その開発をしたスイス人は億万長者となったそうだ。自然の仕組みをよく観察することは、すばらしい発想と発明をもたらすということのよい例である。

◇**由来**　メキシコ原産、北海道〜九州に見られる
◇**よく見る場所**　荒れ地・河川敷・空き地
◇**花・果実の時期**　9〜12月、果実は褐色に熟す

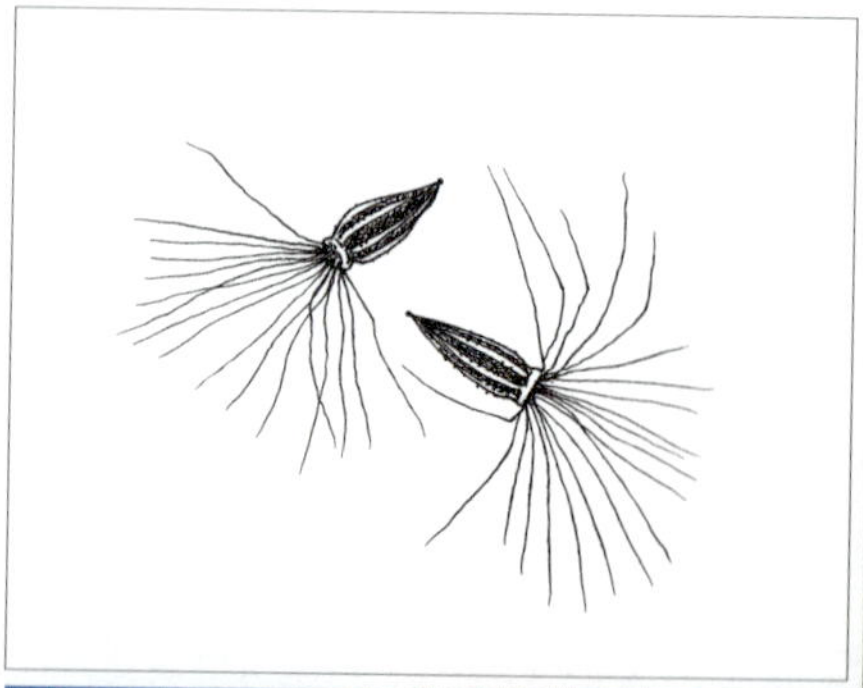

セイタカアワダチソウ　多年草。茎は高さ0.5-2.5m。葉は互生、長さ5-15㎝幅1-2.5㎝。頭花は径3-4㎜。果実は長さ1㎜ほど。写真：右＝花時、左上＝種、左下＝果実時

セイタカアワダチソウ

背高泡立草／別名セイタカアキノキリンソウ・ヘイザンソウ
キク科
Solidago altissima

空き地や河川敷に大群落を作ることで知られる、あのセイタカアワダチソウである。北アメリカ原産の多年草で、帰化植物の代表格。しかし、どんな種《たね》をつけるのかといわれると、あまり知られていない。種《たね》は長さ約1㎜と小さく、ややにごった色の綿毛をつけるので、もちろん風散布かのように思われるが、それだけではない。冠毛が細かいこともあって、多くの種《たね》が鳥の羽に付着して運ばれ、動物散布も行うという調査結果がある。鳥の羽を薄い石鹸水で洗い流し、そこから得られる種《たね》を調べる、という根気の要る仕事だが、それによっていろいろな種《たね》が運ばれているということがわかった。

◇**由来**　北アメリカ原産、ほぼ日本全土に見られる
◇**よく見る場所**　空き地・河川敷・線路脇
◇**花・果実の時期**　10～11月

アーティチョーク　多年草。高さ1.5-2ｍ。葉は互生、羽状に深く裂ける。頭花は径10-15㎝。果実は球形、径6-7㎜。写真：右上＝蕾の頃、右下＝開いた綿毛、左＝花時

アーティチョーク

Artichoke／別名チョウセンアザミ
キク科
Cynara scolymus

夢の島熱帯植物館の温室の外庭にアーティチョークが植えられている。地中海原産で、イスラエルでは約125種類ほどのアザミの仲間が知られているが、中でも花の大きさが最大といわれるだけあって、綿毛も本当に見事だ。イタリア料理ではこの蕾《つぼみ》を茹でてサラダにする。観賞用に生花やドライフラワーにしたものも売られている。萼《がく》に囲まれた花床の部分には堅い毛がタワシのように密生していて、その間に守られるようにして綿毛が入っている。買ってきたドライフラワーをたまたま陽のあたる場所に置いたところ、たたまれた傘が開くように綿毛が次々と出てきて、その大きさと美しさに感動した。

◇**由来**　地中海沿岸、カナリア諸島原産
◇**よく見る場所**　庭・花壇
◇**花・果実の時期**　6〜9月

キツネアザミ　二年草。高さ60-80㎝。葉は互生、羽状に深く裂ける。頭花は径2.5㎝ほど。果実は長さ2.5㎜ほど。写真：花時

キツネアザミ

狐薊
キク科
Hemistepta lyrata

道端や田畑、空き地などに見られ、花はアザミに似るが、葉に刺《とげ》はなく、やわらかい。花は枝先に上向きにつく。綿毛には軸がなく、種《たね》から直接絹毛が生えている。綿毛が開く前の状態のときに、ポプリを作ることがある。花床を残してぎりぎりのところをかみそりでカットし、シリカゲルを満たした缶の中に入れて乾燥しきると、愛らしいボンボンができあがる。このように、さまざまな植物の綿毛と種《たね》を集めて瓶に入れてみると、しゃれたインテリアになる。形態もさまざまながらが、色も白っぽいものから、ピンク、黄色、茶色がかったものなど、微妙な違いがあって、綿毛だけでも多様性を感じる。

◇**分布**　本州〜沖縄、朝鮮〜インド、オーストラリア
◇**よく見る場所**　道端・畑地
◇**花・果実の時期**　5〜6月

ヤブタビラコ　二年草。高さ9-50㎝。葉は互生、根出葉は長さ3.6-26㎝。頭花は舌状花のみ。舌状花は長さ3㎜ほど。果実は2-2.8㎜。写真：上＝草姿、右下＝種

ヤブタビラコ

藪田平子
キク科
Lapsana humilis

キク科の植物なので、綿毛があると思いきや、この植物の種《たね》はなぜか冠毛を持たない。種《たね》の大きさも約2.5㎜と小さく、多数実るわけでもない。同じく冠毛をつけないヤブタビラコ属の植物にコオニタビラコがあるが、これが「春の七草」のホトケノザである。コオニタビラコは水田雑草で、農薬などで数を減らしているが、ヤブタビラコのほうは人家の近くなどでよく見かけられる。冠毛を持たない故に、散布距離を伸ばそうという意思があるとは考えにくく、親植物のまわりで堅実に仲間を増やそうということか。よく観察していると、やや湿気のある場所を好むようなので、雨水によって運ばれている可能性もある。

◇分布　北海道〜九州、朝鮮・中国
◇よく見る場所　人家近く・林縁・田の畦
◇花・果実の時期　5〜7月

オニノゲシ　一～多年草。茎は高さ0.2-1m。葉は互生、羽状に切れ込む。頭花は径1.5-2㎝。果実は長さ2.5㎜ほど。写真：左下＝花時

ノゲシ　二年草。茎は高さ0.5-1m。葉は互生、長さ15-25㎝幅5-8㎝。頭花は径2㎝ほど。果実は長さ3㎜ほど。写真：右＝草姿、左上＝果実時

オニノゲシとノゲシ

鬼野罌粟、野罌粟／別名ハルノノゲシ・ケシアザミ
キク科
オニノゲシ *Sonchus asper*、ノゲシ *S. oleraceus*

種《たね》に綿毛がつき、風散布される植物は、分布域の広いものが多い。ノゲシ・セイヨウタンポポ・ヨシ・ガマなどは世界中に広がっているため、「コスモポリタン・スピーシーズ（世界種）」と呼ばれている。空き地になったところには、一年もたたないうちに、風散布植物であるノゲシやオニノゲシ、次いでススキなどが入り込む。ノゲシの種《たね》の重さは1.7㎎ほどで非常に軽い。この重さなら島にも渡ることができるだろうし、世界中に広がるのも不思議ではない。雑木林の道で、斜面の下から吹き上げる風に乗せられて、多数のノゲシの種《たね》が吹き上がってくるのに出会ったことがある。

◇**由来**　ヨーロッパ原産、日本全土に見られる
◇**よく見る場所**　道端・草地・畑地・荒れ地
◇**花・果実の時期**　春～夏、ノゲシは4～7月

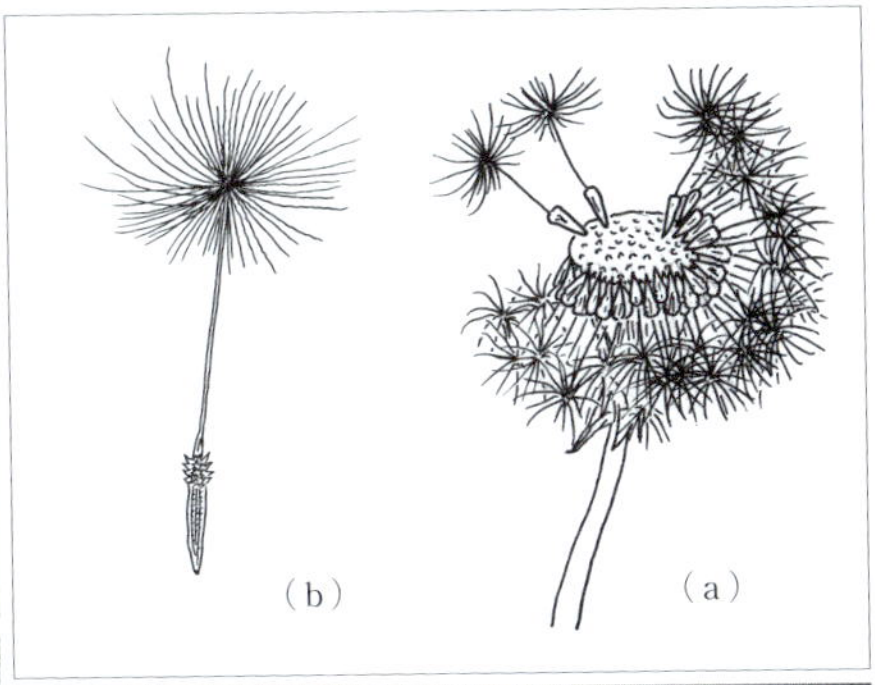

セイヨウタンポポ　多年草。葉は長さ20-30㎝幅2.5-5㎝。頭花は径4-5㎝。果実は長さ4㎜ほど。写真：右上＝果実時（a）と種（b）、左上＝果実時、左下＝花時、右下＝キク科の種3種

セイヨウタンポポ

西洋蒲公英
キク科
Taraxacum officinale

外国では、外遊びの子どもたちに「綿毛を一息で飛ばせたらまだ遊んでいてもいい」というそうだが、それは構造的に絶対に無理な話。タンポポは綿毛が丸く、全方向から風を当てない限り、種《たね》が飛びきることはない。花が終わると茎は倒れ、結実してから起き上がり、約3～5倍に茎を伸ばす。種《たね》を風に乗せ、より遠くに旅立たせるためだ。種《たね》のギザギザは、着地時に碇の役目を果たす。これらの工夫はタンポポの仲間全般に見られる。セイヨウタンポポと在来タンポポの戦いでは、受粉しなくても単為生殖により結実し、悪い環境にも適応するなど、強力な繁殖力を見せるセイヨウタンポポが勝利を収めている。

◇**由来**　ヨーロッパ原産、日本全土に見られる
◇**よく見る場所**　庭・道端・草地・土手・畑地
◇**花・果実の時期**　1～5月頃

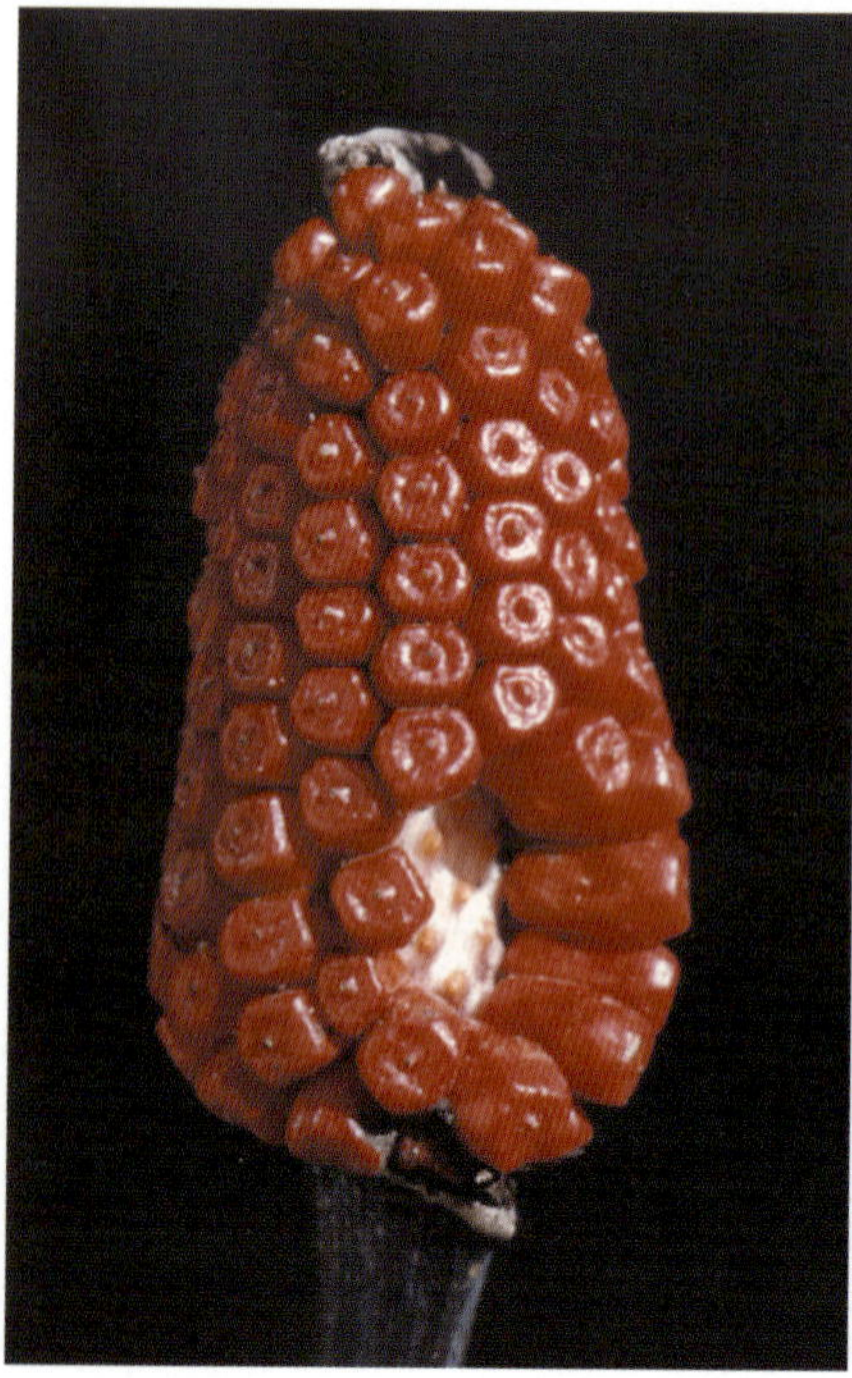

ウラシマソウ　多年草。葉柄は長さ18-40㎝。葉は1枚（ときに2枚）、11-17個に裂け、小葉は長さ9-25㎝。雌雄別株。仏炎苞は長さ12-18㎝、花序の付属体は長さ30-60㎝くらい。写真：右＝花時、左＝果実

ウラシマソウ

浦島草
サトイモ科
Arisaema thunbergii ssp. *urashima*

薄暗い林の中で、赤々と燃えるトーチのような果実に出会うと、「何という鮮やかさだろう！」とビックリする。果実が赤いので、鳥散布と思われるが、現場は見たことがない。液果なので食べられる？と話に聞いたが、食べてみる勇気もない。芋の部分は有毒で、食べるためには水に晒したり、あく抜きや加熱などが必要だからだ。加工しても、食べすぎると唇がタラコのように腫れ上がるという。同じサトイモ科のコンニャクイモも、人間の知恵によって食べやすく加工されて、コンニャクになる。コンニャクに含まれるグルコマンナンは、食べ物の消化・吸収を抑制する作用があり、ダイエットに用いられている。

◇**分布**　北海道南部～九州北部
◇**よく見る場所**　庭・林の木陰
◇**花・果実の時期**　4～5月

マムシグサの仲間の花と果実

ミミガタテンナンショウ　多年草。葉は2枚、小葉は長さ7-13枚。雌雄別株。仏炎苞の筒部は長さ4.5-8㎝、花序の付属体は径0.3-1㎝ほど。写真：右上＝種、左＝果実時

マムシグサ　多年草。葉は2枚、まれに1枚、小葉は7-17（-23）枚で、形や大きさは変異に富む。雌雄別株。仏炎苞は緑色から緑紫色で、普通は白条がある。写真：右下＝果実時、左中＝果実、左下＝花時

ヤブミョウガ　多年草。茎は高さ50-100㎝。葉は互生、長さ20-30㎝幅3-6㎝。花穂は長さ20-30㎝。花は径0.7-1㎝。果実は径5㎜ほど。写真：右＝果実時、左上＝花、左下＝果実と種

ヤブミョウガ

藪茗荷
ツユクサ科
Pollia japonica

葉だけ見るとミョウガに似ているが、ツユクサを白くしたような花をつける。秋、藍紫色のきれいな実を高々と持ち上げて、燭台のような感じがする。この果実をたくさん集めまわり、ほかの種《たね》とともに貼りつけた「種《たね》の絵」を造ったことがある。何ともいえない藍紫色の果実は、ほかの茶色い種《たね》たちと妙にマッチして、素敵な壁飾りができあがった。マツボックリなど茶色い果実でつくったリースも、青系の果実を入れると美しく映える。ヤブミョウガの果実の中にはさまざまな形をした数十個の種《たね》が、三次元パズルのようにきちんと詰まっている。一度崩したら再び組み立てるのは至難の業だ。

◇分布　本州（関東以西）〜九州、中国
◇よく見る場所　公園の日陰地・林の中
◇花・果実の時期　8〜9月

コバンソウ　一年草。高さ10-60㎝。葉は長さ5-25㎝幅1-8㎜。花序は3-10㎝、種は0.8-1.5㎝幅1㎝ほど。写真：右＝花穂、左＝草姿

コバンソウ

小判草／別名タワラムギ
イネ科
Briza maxima

金茶色に乾いた穂をゆすると、シャラシャラと快い音がする。ときどき思わぬところに大群落を作っていることがあり、そんなときはたくさん摘んで持ち帰り、ドライフラワーにし、飾りたくなる。調べてみると、ヨーロッパ原産の一年草で、明治時代に観賞用として輸入されたことがわかった。この種《たね》は、どのように散布されるのだろうか。たわら型の穂の部分を分解してみると、種《たね》を抱いた舟形の薄い膜が交互に重なっていて、先端部分から順序よく外れ、旅立つ仕組みになっている。重さを軽くし、しかもより遠くに飛ばすための工夫であるその膜がぶつかり合うことで、あの乾いた音を奏でているのだ。

◇**由来**　ヨーロッパ原産、本州～九州に見られる
◇**よく見る場所**　道端・空き地・河川敷
◇**花・果実の時期**　5～7月

カラスムギ　一～二年草。高さ50-90㎝。葉は線形、長さ10-25㎝幅0.7-1.3㎝。花穂は長さ20-40㎝、種は長さ6-10㎜。葯は長さ1㎜ほど。写真：右＝花穂、左上＝群落、左下＝乾燥した穂

カラスムギ

烏麦／別名チャヒキグサ・スズメムギ
イネ科
Avena fatua

カラスムギの時計の針のように突き出ている芒《のぎ》を水でぬらすと、チクタク回り始める。くの字に折れ曲がった下の部分がねじれていて、こよりが湿ってほどけるように、ねじれがとけるため、この現象が起きる。乾湿が起きるたび、このこよりを利用しながら植物体から外れたり、なんと地面を移動したり、上下を間違うことなく格好の場所にもぐっていったりする。おまけに、種《たね》の下に生えた上向きの剛毛が「返し」の役目をし、いったんもぐると戻ってくることはない。驚きである。「本当だろうか」と思う人は、種《たね》をスイカの果肉に浅く挿して実験してみるとよくわかる。

◇**分布**　ヨーロッパ・西アジア原産、日本全土に見られる
◇**よく見る場所**　道端・畑のまわり・荒れ地
◇**花・果実の時期**　8～10月

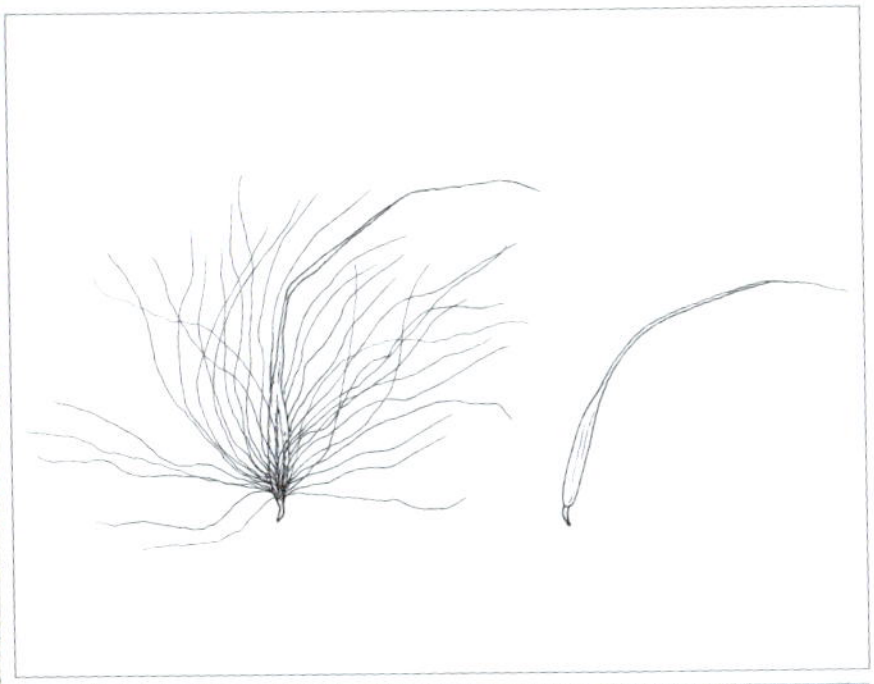

パンパスグラス　多年草。高さ1-3ｍ、花茎は高さ2-3ｍ。葉は互生、長さ1-3ｍ。幅2-3㎝。花序は長さ40-80㎝。写真：右上＝種、右下＝乾燥した穂、左＝花時

パンパスグラス

Pampasgrass／別名シロガネヨシ
イネ科
Cortaderia selloana

ある日、花屋で、槍のようにとがった緑色の物体を発見した。なにか新種の植物かと思い、店主に尋ねると、「これからこしらえるのです」という応え。よくよく聞いてみると、それはパンパスグラスの穂で、緑色の皮をむいて綿毛を開かせ、花材として売るという話だった。この植物は穂が開くと非常に風に飛びやすいため、花材にするにはまだ未熟な穂を利用しなければならない。公園や植物園などでは、パンパスグラスの大きな株を見かけることがある。銀白色のひときわ豪華な穂は、行きから人々の目をよく引く。南アメリカ原産で、日本には明治中頃に渡来し、和名は「シロガネヨシ」とつけられた。

◇由来　南アメリカ原産
◇よく見る場所　公園・庭園
◇花・果実の時期　9～10月

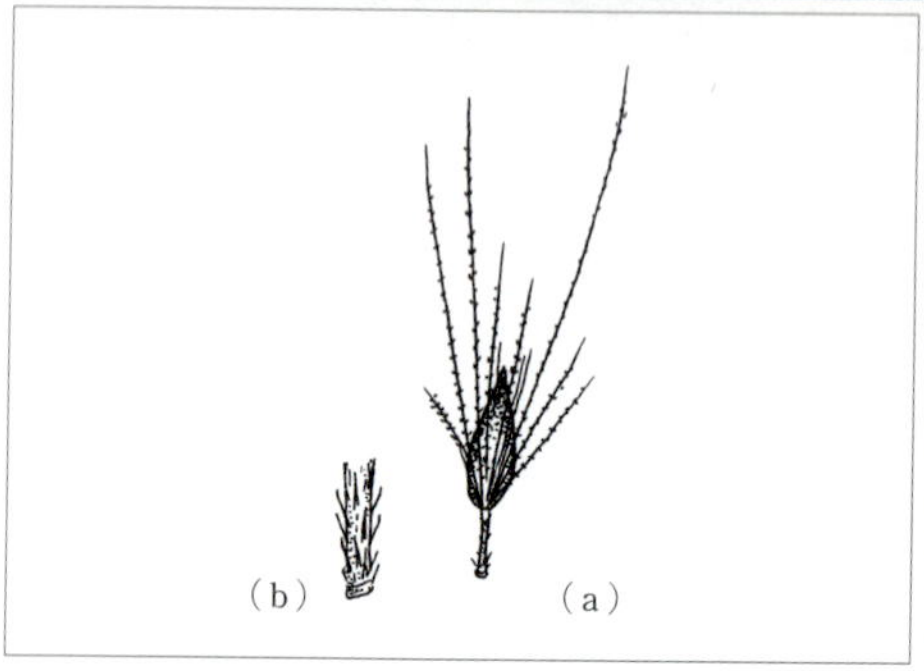

チカラシバ　多年草。高さ30-80㎝。葉は線形、長さ30-60㎝幅5-8㎜。花穂は長さ10-15㎝径4-5㎝、種は長さ7㎜ほど。写真：右＝花穂、左上＝草姿、左下＝種（a）と種の軸（b）

チカラシバ

力芝／別名ミチシバ
イネ科
Pennisetum alopecuroides

セーターがちくちくして仕方がないので、めくってみると、チカラシバの種《たね》が刺さっていた。種《たね》には黒紫色の剛毛があり、そのすべてに上向きの細かい毛が生えているため、どんどん深く入り込み、いったん刺さると戻ってこない。この現象が土の中にもぐるときにも役立つというわけだ。チカラシバの名のとおり、茎が強く引き抜きにくいので、草を縛って「わな」を作り、友だちが転ぶようにいたずらしたりした。穂を下からこそげるようにして、種《たね》を集めると、剛毛がクリのイガのように見え、おもしろい。動物にくっつくほか、秋も深まり、黒紫色が退色して白っぽくなる頃、次から次に落下して散布される。

◇分布　北海道西南部～沖縄、東アジア、インドネシア
◇よく見る場所　道端・草地
◇花・果実の時期　5～6月

エノコログサ　一年草。高さ20-70㎝。葉は長さ10-20㎝幅0.5-1.3㎝。花穂は長さ2-5㎝径8㎜ほど。中軸の毛は長さ6-8㎜。写真：右上＝草姿、右下＝花穂、左＝アキノエノコログサ

エノコログサ

狗尾草・狗児草／別名ネコジャラシ・エノコグサ
イネ科
Setaria viridis

聖書の『マタイ伝』に「敵が小麦畑に雑草（ドクムギ）の種《たね》をまく」という話がある。これは、じつに卑劣な嫌がらせだ。イネ科の植物は、似ているので生長させ種《たね》で見分けるしかない。食用の小麦などは、種《たね》が落ちないものを選抜して改良しているため、収穫に便利。しかし、ドクムギやエノコログサなど多くのイネ科の種《たね》は、熟すると自然と脱落してしまう。だから、翌年からも必ず発芽してくる雑草と、畑の持ち主は延々と戦う羽目になる。エノコログサの下に傘を広げ、成熟した種《たね》だけをたたき落とし、籾殻を外してから、炒るとポップコーンのようになる。これを玄米茶の要領で飲むと、おいしい。

◇**分布**　日本全土、世界の温帯に広く分布
◇**よく見る場所**　道端・畑地・荒れ地・草地
◇**花・果実の時期**　8〜11月

オギ　多年草。高さ1-2.5m。葉は線形、長さ40-80㎝。花穂は長さ25-40㎝、種は長さ5-6㎜、芒はない。写真：左上＝草姿、左下＝種

ススキ　多年草。高さ1-2m。葉は線形、長さ50-80㎝幅0.7-2㎝。花穂は長さ20-30㎝、種は長さ5-7㎜、芒がある。写真：右上＝花時、右下＝種

ススキとオギ

薄・芒／別名オバナ・カヤ、荻／別名オギヨシ
イネ科
ススキ *Miscanthus sinensis*、オギ *M. sacchariflorus*

綿毛つきの種《たね》というとタンポポを想像し、種《たね》の上に綿毛をつけるイメージを持つ人が多い。しかし、ススキやオギは空飛ぶ絨毯のごとく、広げた綿毛の上にちょこんと種《たね》を載せている。種《たね》の頭に芒《のぎ》があるのがススキ、ないのがオギである。芒のあるススキの種《たね》を、「磯野波〇さん型」と呼んでいる。どちらも穂は効率よくばらけ、花粉を飛ばすにも、種《たね》を飛ばすにも都合がよい。ススキはやや乾いた空き地などに大きな株を作るが、オギは根茎を長く横に伸ばし、湿地に群落を作る。クラフトでミミズクの置物を作る際は、オギの穂を用いると銀白色で柔らかい感じが出る。

◇分布　ススキは日本全土、朝鮮、中国、オギは日本全土、朝鮮、中国、ウスリー
◇よく見る場所　道端・空き地・草地・河川敷
◇花・果実の時期　8～10月、オギは9～10月

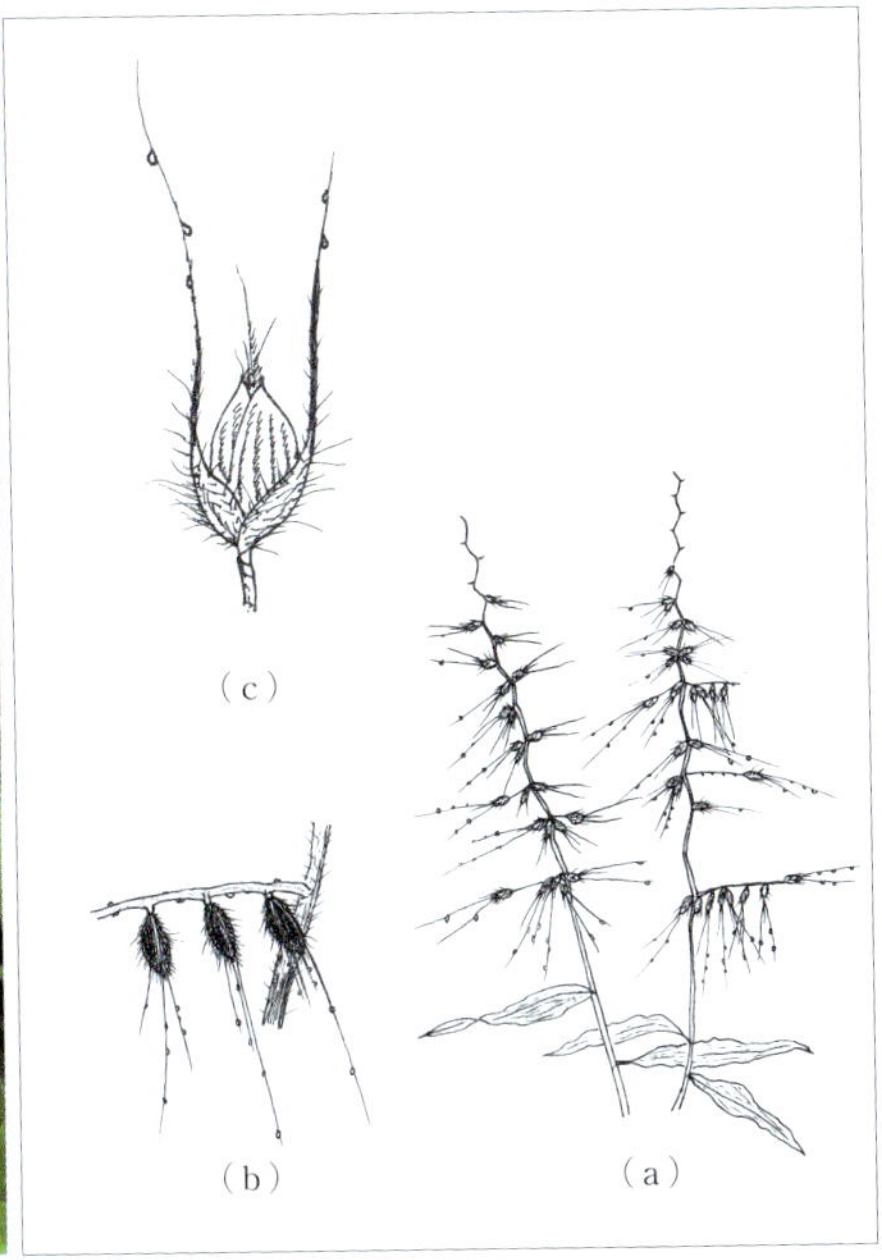

チヂミザサ　多年草。高さ10-30㎝。葉は互生、長さ3-7㎝幅1-1.3㎝。花穂は長さ5-15㎝、種は長さ3㎜ほど。写真：右＝花時（a）、穂（b）、種（c）、左＝草姿

チヂミザサ

縮笹
イネ科
Oplismenus undulatifolius

植物には、カギ状の刺《とげ》でほかの物に引っかかる種《たね》をつけるものが多い。そのような中、チヂミザサの種《たね》は芒《のぎ》から出すベタベタの粘着剤で動物などに付着する。しかも粘液は水溶性なので、いったん雨が降るときれいに流れ落ち、洋服についた種《たね》も、洗濯すると容易に落とせる。動物の体についた種《たね》も、親植物から離れたところまで運ばれた頃には、粘着性がなくなり、こぼれ落ちて散布される。貼って剥がせるメモのごとく絶妙な粘着力は、まるで散布したい距離を計算しているかのようだ。ほかに粘液を出して付着する植物には、キク科のノブキ、ヌマダイコン、メナモミなどがある。

◇**分布**　北海道～九州、旧世界の亜熱帯～温帯
◇**よく見る場所**　道端・林の中や縁
◇**花・果実の時期**　8～10月

ジュズダマとハトムギ　多年草。高さ0.8-1m。葉は広線形、長さ20-60㎝幅2-4㎝。花穂は雌雄があり、雌花の穂は長さ1㎝ほどの苞に包まれ、苞から抜き出た軸に雄花の穂がつく。写真：右上＝ジュズダマ花時、右下＝種、左上＝ハトムギ果実時、左下＝種

ジュズダマとハトムギ

数珠玉／別名トウムギ・ツシダマ・タマズシ
イネ科　ジュズダマ *Coix lacryma-jobi*
ハトムギ *C. lacryma-jobi* var. *ma-yuen*

ジュズダマを見ると、思わず幼少期にタイムスリップしたような気持ちになる。ジュズダマの種《たね》に糸を通し、ブレスレットやネックレスを作ったことが、とても懐かしい。糸を通せる穴が開いていること自体、本当に不思議だ。同じジュズダマ属のハトムギは、東南アジア原産の雑穀で、ジュズダマの栽培種と考えられている。ただ、ジュズダマよりも皮が柔らかく、指で押しただけで中の種《たね》が取り出せるので、それを炒ったり、炊いたりして米のように用いる。ハトムギには利尿作用があるため、ハトムギ茶を飲んだ夜は、何度もトイレ通いをしてしまう。

◇**由来**　ジュズダマは熱帯アジア原産、ハトムギはジュズダマの栽培変種
◇**よく見る場所**　水辺
◇**花・果実の時期**　7〜10月

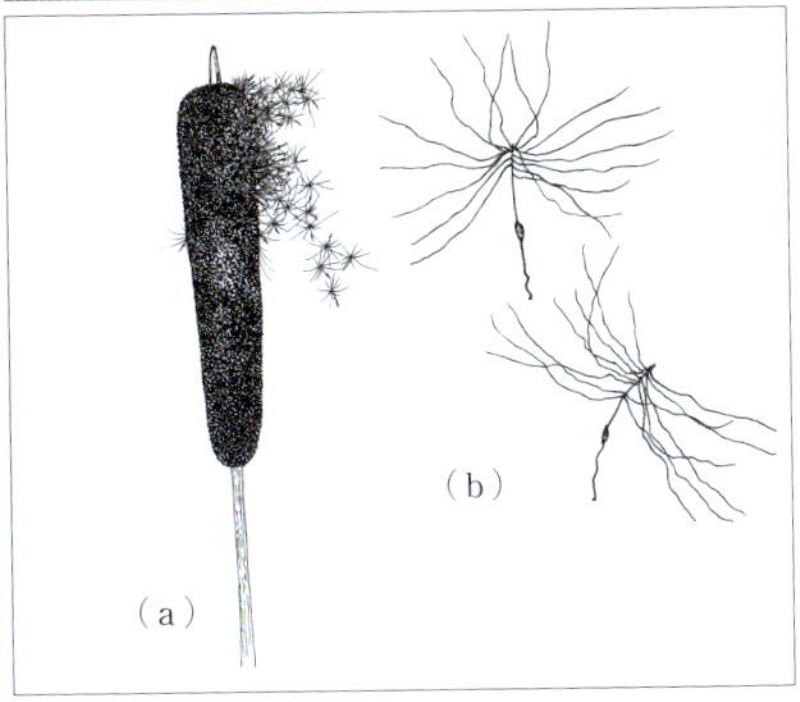

ガマ　多年草。茎は高さ1.5-2m。葉は線形、長さ1-2m幅1-2㎝。雌雄同株。雄花の穂は長さ7-12㎝、雌花の穂は長さ10-20㎝。写真：右上=綿毛が飛び出した穂、右下=熟した穂（a）と種（b）、左=草姿

ガマ

蒲

ガマ科

Thypha latifolia

タンポポのまるい綿毛は、内側に種《たね》、外側に綿毛という形だが、ガマの場合は、フランクフルト型をした穂の表面の茶色い部分がすべて種《たね》である。綿毛は折り畳み傘のごとく内蔵されていて、何かの拍子に一か所崩れ始めると、爆発したかのように勢いよく湧き出す。ガマの穂を採って来て飾っていたために、部屋が綿毛だらけになって大騒動をした。このように軽く、微細な種《たね》にも、生長に必要な情報がすべて詰まっていて、発芽後はあんな立派な植物体ができあがるというのも、ある意味で奇跡のように思える。江戸時代、貧しい人々は、このガマの綿毛を布団綿にしたそうだ。どんな寝心地なのだろう。

◇**分布**　北海道〜九州、東アジアの熱帯〜温帯

◇**よく見る場所**　池・沼・河岸の水辺

◇**花・果実の時期**　6〜8月

バナナ　多年草。高さ1.5-5ｍ。葉は、長さ数～5ｍほどまで。花は雌雄異花。果実は長さ15-20㎝ほど。
写真：右＝未熟な果実、左＝花穂

バナナ

Banana
バショウ科
Mussa acuminata（タイワンバナナ）

「バナナの種《たね》ってどこにあるんですか？」とよく聞かれる。およそ5000年以上前、マレー半島に自生するバナナの中に、種《たね》のない果指を持つものが見つかった。その後、この系統を育てているうちに、すべての果指に種《たね》がない個体が現れ、これが種《たね》なしバナナとして広まった。種《たね》のあるバナナを見てみると、小豆大の種《たね》が縦3列に並んで入っている。シンガポールの植物園に行ったときに、栽培種は果指が上向きになり、野生種は下向きになるという説明を聞いた。バナナの中にはかなり高地で育つものがあり、直根性なので、土留めとして畑の縁などにも植えられる。耐火性が強く、山火事にあっても再生する。

◇由来　熱帯アジア起源の栽培種
◇よく見る場所　庭・温室
◇花・果実の時期　一年中

ヤブラン　多年草。葉は根生、長さ30-50㎝幅0.8-1.2㎝。花茎は高さ30-50㎝、花被片は長さ4㎜ほど。種は径6-7㎜。写真：左上＝果実時、左下＝花時

ジャノヒゲ　多年草。葉は根生、長さ10-20㎝幅2-3㎜。花茎は高さ7-12㎝。種は径7㎜ほど。写真：右上＝オオバジャノヒゲの果実、右下＝種

ジャノヒゲとヤブラン

蛇髭／別名リュウノヒゲ・ハズミダマ、藪蘭
ユリ科　ジャノヒゲ *Ophiopogon japonicus*、ヤブラン *Liriope platyphylla*

ジャノヒゲの果実は果皮が早く落ち、種《たね》がむき出しになって成熟する。果実に見える瑠璃色の部分は、じつは種《たね》である。鳥が食べることもあるにはあるが、地際に種《たね》ができるため目立ちにくく、あまり散布距離を伸ばさない。瑠璃色の種皮をむいて、中の半透明の玉をコンクリートなどに投げつけるとよく弾み、子どもたちは「スーパーボールだ」と喜んで遊ぶ。幼い頃、ジャノヒゲの種《たね》の中からも、アオキもヤブランもオモトも、皮をむくと半透明の玉が出てくるので、てっきり曇りガラスでできていると思っていた。草花遊びをいっぱいしたが、そのことが植物を知る上で、今とても役立っている。

◇分布　北海道西南部〜沖縄、朝鮮、中国
◇よく見る場所　庭・公園
◇花・果実の時期　7〜8月

ヤマユリ　多年草。茎は高さ1-1.5m。葉は互生、長さ10-15㎝幅2.5-5㎝。花は数個-20個ほどつき、花被片は長さ10-18㎝。果実は長さ5-8㎝。写真：右＝花時、左＝果実

ヤマユリ

山百合／別名エイザンユリ・ホウライジユリ・ヨシノユリ
ユリ科
Lilium auratum

ユリ科の仲間には、さく果ができるものが多い。ヤマユリの果実は5〜8㎝の円筒形で、成熟すると上向きに裂開し、中には数多くの種《たね》が積み重なるように入っている。種《たね》は扁平で、膜質の翼を持つ。ユリの仲間は高さ1mほどで、茎は冬になり枯れても直立し、そのまま残る。この状態に加え、さく果は十分開かないので、種《たね》がこぼれ落ちそうもなく、一見するとこの入れ物は種《たね》が飛ばされることを防いでいるように見える。ところが、さく果の側面がネット状になっていて、風が吹き込み、種《たね》がふわふわと持ち上げられているうちに、一枚、また一枚と送り出されていく。

◇**分布**　本州（近畿以北）
◇**よく見る場所**　庭・公園・道路沿いの土手・林縁
◇**花・果実の時期**　7〜8月、香りがある

ユリ科の花と果実

オオバギボウシ　多年草。葉は長さ30-40㎝。花茎は高さ0.5-1m。花筒は長さ4-5㎝。果実は長さ2.5-3.2㎝。写真：右上＝果実、左上＝花時

アガパンサス　常緑の多年草。高さ40-80㎝。葉は長さ20-40㎝幅1.5㎝ほど。花は長さ3-4㎝。写真：右中＝若い果実時、左中＝花時

ウバユリ　多年草。花茎は高さ0.6-1m。葉は長さ15-25㎝幅10-13㎝。花筒は長さ7-10㎝。果実は長さ4-5㎝。写真：右下＝果実と種、左下＝花時

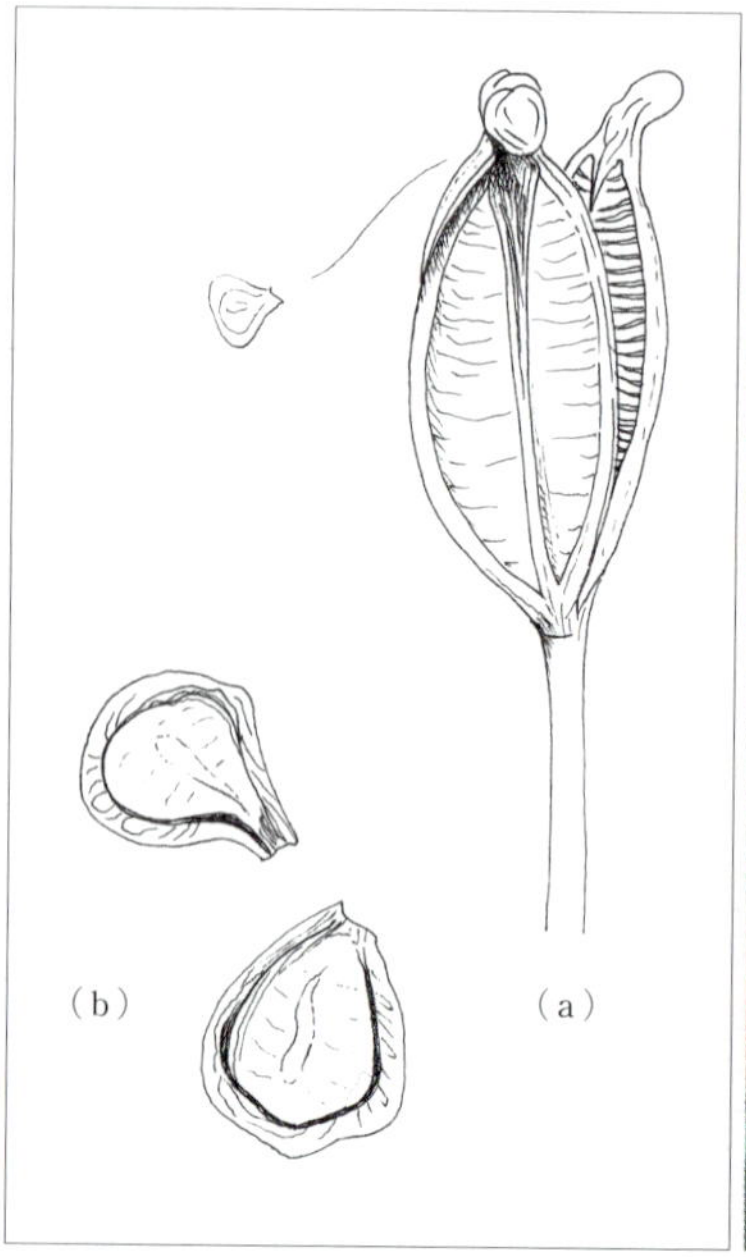

チューリップ　多年草。高さ15-30㎝ほど。葉は線形〜卵形、細長いものまで。花は長さ5㎝ほど。果実は長さ5-6㎝ほど。写真：右＝花時、左＝果実（a）と種（b）

チューリップ

Tulip
ユリ科
Tulipa cv.

チューリップの種《たね》が見たくて、花が咲き終わってからも観察を続けた。ユリ科なので、やはりユリのさく果と同じような入れ物ができ、仕切られた三部屋それぞれの中に平べったい種《たね》が多数できあがった。チューリップは、種《たね》から球根が育ち、花をつけるまで7年ほどの年数がかかる。交配させてどのような花が咲くかわかるまでは、かなり待たなければならないということだ。そんなに人々を魅了しているチューリップは、一六三〇年代に特にオランダでもてはやされ、「チューリップ狂時代」と称されるほどだった。新品種はものすごい高値で取引され、球根3個で運河沿いの家1軒を購入できたほどだった。

◇由来　交配により作出された園芸品種
◇よく見る場所　庭・花壇
◇花・果実の時期　春

オモト　常緑の多年草。葉は根生し、長さ30-50㎝幅3-5㎝。花茎は高さ10-20㎝、花序は長さ2-3.5㎝。花は半球形、径5㎜ほど。果実は径0.8-1㎝ほど。写真：右上＝花時、右下＝若い果実、左＝果実時

オモト

万年青
ユリ科
Rohdea japonica

株が太いので、「大本《オオモト》」と呼んだのが転じてオモトになったという。日本の代表的な園芸植物。江戸時代末期には爆発的ブームが起こった。現在でも、熱烈な万年青《オモト》愛好家がいて、高価な鉢も少なくない。オモトの観賞価値は葉の形や斑入り模様の美しさにあり、花は注目されない。このような観賞用のオモトは人工的交配によるものではなく、偶然の産物であるという。じつは、太い花茎につく淡黄色の小さな花には、カタツムリやナメクジがやってきて受粉する。秋、直径1㎝ほどもある果実が朱赤色に熟す。この美しい観賞植物も、ナメクジあってこそと考えるとおもしろい。

◇分布　本州（関東以西）～九州、中国
◇よく見る場所　庭・公園
◇花・果実の時期　5～7月、果実は赤色に熟す

ハマオモト　多年草。葉は帯状、長さ30-70㎝幅4-10㎝。花茎は高さ50-80㎝。花弁は長さ7-8㎝。果実は径2-2.5㎝。写真：右＝花時、左上＝果実時、左下＝果実と種

ハマオモト

浜万年青／別名ハマユウ
ヒガンバナ科
Crinum asiaticum var. *japonicum*

葛西臨海公園で、砂の上に転がるハマオモトの果実を見つけて持ち帰り、早速水に浮かべてみた。ハマオモトの果実を割ってみると、全体を包んでいる種皮は海綿質で、水に浮く構造になっている。さらに、胚乳にも空気の隙間がある。これらの機能は、海流散布されるときに浮き袋となり、また、熱い砂の上で長い間乾燥に耐え、種《たね》が塩水にやられてしまうのをも防ぐ。また、同じく海浜性の植物であるグンバイヒルガオは、種《たね》の中に空所があり、種皮に密生する撥水性の毛で塩水を防いでいる。同じ海流散布でありながらも、それぞれ独自のスタイルの浮き袋で出航する。

◇**分布**　本州（関東南部）〜沖縄、中国、マレーシア、インド
◇**よく見る場所**　浜辺・公園
◇**花・果実の時期**　7〜9月、芳香がある

ヒガンバナ科・アヤメ科の花と果実

ショウキズイセン　多年草。葉は長さ30-60㎝幅20-25㎝。花茎は高さ60㎝ほど。花弁は長さ6-7㎝。果実は径1㎝ほど。写真：右上＝果実、左上＝花

アヤメ　多年草。葉は長さ30-50㎝幅0.5-1㎝。花茎は高さ30-60㎝、花は径8㎝ほど。果実は長さ4㎝ほど。写真：右中＝花時、左中＝果実

ヒオウギ　多年草。葉は長さ30-50㎝幅2-4㎝。花茎は高さ0.6-1m。花は径3-4㎝。果実は長さ3㎝ほど。写真：右下＝花時、左下＝種

ヤマノイモ　つる性の多年草。つるは右巻き。葉は対生、長さ5-10㎝。雄花の花被片は長さ2㎜ほど、雌花では長さ1㎜ほど。果実は長さ1.5㎝ほど。写真：右＝むかご、左上＝雄株の花、左下＝果実と種

ヤマノイモ

山芋・薯蕷／別名ジネンジョ・ヤマイモ
ヤマノイモ科
Dioscorea japonica

親植物の近くには、むかごが落ちることで、遠方へは、ＵＦＯ型の種《たね》で散布される。まわりに薄い膜をつけているが、自転するようなことはなく、ただゆっくり旋回しながら落下する。どちら側が機首になるかが定まっていて、飛行性があるというから驚きだ。「鼻高天狗」という遊びで、鼻の上に果実をつけて走り回った人もいるだろう。ヤマノイモの果実は、３室に分かれ、種《たね》が熟すると、入り口を押さえていたワイヤーのような筋が外れ、中からは、例のＵＦＯ型の種《たね》が飛び出す。薄い膜は、２枚の板ではさむとよれてしまう危険性もあるが、３枚板のプレスで翼を平らに保っている、種《たね》の入れ物の工夫がすばらしい。

◇分布　本州～沖縄、朝鮮、中国
◇よく見る場所　人家のまわり
◇花・果実の時期　７～８月

ラン科の花と果実

シラン　多年草。高さ30-70㎝。葉は長さ20-30㎝幅2-5㎝。萼片と花弁は長さ2.5-3㎝幅6-8㎜。果実は長さ3-3.5㎝。写真：右上＝果実、左上＝花時

エビネ　多年草。高さ20-40㎝。葉は2-3個、長さ15-25㎝幅5-8㎝。萼片の長さは0.9-1.5㎝、花弁は萼片とほぼ同長。写真：右中＝花時、左中＝果実

シュンラン　多年草。葉は長さ20-35㎝幅0.6-1㎝。萼片は長さ3-3.5㎝幅0.7-1㎝、花弁より長い。果実は長さ5㎝ほど。写真：左下＝花時

シュロ　常緑高木。高さ3-7m径10-15㎝。葉は互生、径50-80㎝、裂片は幅1.5-3㎝。雌雄別株。花房は長さ30-40㎝。種は長さ1-1.2㎝。写真：右＝花時（雌花）、左上＝若い果実、左下＝葉の形

シュロ

棕櫚／別名ワジュロ
ヤシ科
Trachycarpus fortunei

外国からやって来た植物学者が、シュロを見て「日本はいつから亜熱帯になったのだろうか」と首を傾げたという。初めは園芸の目的で中国から持ち込まれたシュロだが、果実は液果で甘く、鳥に好まれるため、各地に広がり、今では山野でも見かけるようになった。温帯である日本でこの植物の種《たね》が芽生え、稚樹が枯れずに育つのは、地球温暖化の影響とも考えられる。最近は、環七雲が発生し、都市型集中豪雨も見られるようになったといわれ、環境の変化が著しい。シュロのように、葉の形が集中豪雨や強風に適応した植物が、これからもっと増えていくのだろうか。

◇**分布**　九州、中国
◇**よく見る場所**　公園・庭園・庭
◇**花の時期**　5～6月、香りはない
◇**種子の時期**　夏、緑黒色に熟す

ソテツ　常緑低木。高さ2-4m。葉は束生、長さ1mほど、小葉は長さ8-20㎝幅5-8㎜。雌雄別株。雄花は長さ50-70㎝、雌花の大胞葉は長さ20㎝ほど。種は長さ4㎝ほど。写真：右上＝雄花、右下＝種の中、左上＝雌株、左下＝雌花

ソテツ

蘇鉄
ソテツ科
Cycas revoluta

枯れそうになったとき、鉄くずを与えると蘇生するといわれるので「蘇鉄《ソテツ》」の名がある。もともと海浜性の樹木で、強い潮風や乾燥に耐えられるように、太い幹には水分や澱粉が貯蔵され、見るたびに「ラクダのような植物だ」と思う。種《たね》は秋に朱赤色に熟すが、ゆすると、カタカタと音がして、空所のあることがわかる。これは海水にもうまく浮いて流されるための構造で、海流散布の種《たね》に多く見られる。空所を作るために、胚や胚乳をわざと小さめにしたり、子葉となる部分に隙間を作るなど、それぞれ工夫している。どんな海流散布の種《たね》も、独自の浮き袋がある。

◇分布　九州・沖縄、台湾、中国大陸南部
◇よく見る場所　公園・庭園・街路
◇花の時期　6～8月
◇果実の時期　秋

イチョウ　落葉高木。高さ30m径2.5mほど。葉は互生～輪生状、幅5-7㎝。雌雄別株。雄花穂は長さ2㎝ほど、雌花は長さ2-3㎝。果実は径1.5-2㎝。写真：右＝果実時、左上＝葉の形、左下＝種（銀杏）

イチョウ

銀杏・公孫樹／別名ギンナンノキ・チチノキ
イチョウ科
Ginkgo biloba

種《たね》の発芽率は高いが、日本に野生はない。恐竜が果実を丸ごと食べていたとされ、まわりの皮の部分は消化し、種《たね》である銀杏《ぎんなん》を糞として排出していたという。恐竜がいなくなった今では、人間が新しいパートナーだ。黄葉が美しく、公園にはたいてい植えられている。昔は土に埋めて柔らかい果肉を取り除いたが、現在は自動皮剥ぎ機があるらしい。ポップコーンの要領で紙袋に入れ電子レンジで加熱すると、硬い殻が破裂するので、中身を出して塩をふって食べるとおいしい。銀杏には、おねしょを防ぐ作用があるが、中毒を起こす成分が含まれるため、食べすぎには要注意。

◇**由来**　中国原産
◇**よく見る場所**　公園・街路・校庭・神社・寺院
◇**花の時期**　4～5月
◇**果実の時期**　10～11月、黄橙色に熟す

アカマツ　常緑高木。高さ30m。葉は束生、長さ7-10㎝幅1㎜ほど。雌雄同株。雄花は長さ4-9㎜ほど。球果は長さ4-5㎝。写真：左上＝葉と球果、左下＝種

クロマツ　常緑高木。高さ40m径2mほど。葉は長さ10-15㎝幅1.5-2㎜。雌雄同株。雄花は長さ1.4-2㎝、球果は長さ4-6㎝。写真：右上＝葉と球果、右下＝球果と種

クロマツとアカマツ

黒松／別名オマツ、赤松／別名メマツ
マツ科
クロマツ *Pinus thunbergii*、アカマツ *P. densiflora*

冬のよく晴れた日、乾いて開ききったマツボックリから、くるくる回りながら落ちてくる翼つき種《たね》を、ハトが盛んについばんでいた。マツボックリはよく知っていても、その鱗片の中に一対（2個）の翼つき種《たね》が入っていると知っている人は、少ないかもしれない。マツボックリは雨の日は鱗片をしっかり閉じ、プレッサーのようにプロペラを平らに保ち、濡れないようにしている。このプロペラは、発芽できそうな湿った地面の上に落ちたときにのみ種《たね》から外れる仕組みで、乾いたコンクリート上などではプロペラを離さず、再び風に飛ばされるチャンスをうかがっている。

◇**分布**　本州〜沖縄、朝鮮、アカマツは北海道（南部）〜九州、朝鮮、中国
◇**よく見る場所**　公園・庭園・庭・街路
◇**花・球果の時期**　4〜5月、翌年の秋、褐色に熟す

ヒマラヤスギ　常緑高木。高さ20-30m径0.8-1m。葉は長さ2.5-5㎝。雄花は長さ3㎝ほど。球果は長さ6-13㎝。写真：右＝球果、左上＝球果をつけた枝、左下＝種の落ちた後のマツボックリ

ヒマラヤスギ

別名ヒマラヤシーダ
マツ科
Cedrus deodara

針葉の鋭さから、スギの印象が強く、和名を「ヒマラヤスギ」とつけられたが、じつはマツの仲間。マツ科なので、当然マツボックリをつけるが、大きいため、遠目には、まるで枝に止まって羽を休めているハトのようだ。日本のクロマツやアカマツは、鱗片が外れることなく種《たね》だけを落とすが、ヒマラヤスギでは、鱗片と翼つき種《たね》が共に外れ、バラバラに落ちてしまう。ところが、マツボックリのてっぺんの部分だけは合着したまま落下し、それがまるでバラの花のように見えるので、「ウィンターローズ」「ウッディローズ」などと呼んで、クラフトに用いる。

◇由来　ヒマラヤからアフガニスタンの原産
◇よく見る場所　公園・庭園
◇花の時期　10〜11月
◇球果の時期　翌年の10〜11月、褐色に熟す

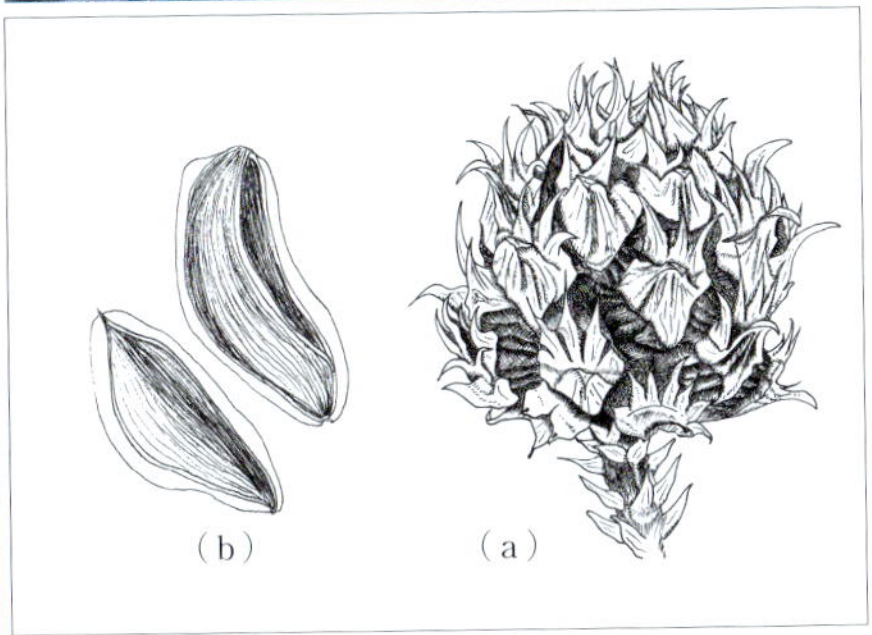

スギ　常緑高木。高さ30-40m径1-2m。葉は互生、長さ4-12㎜。雌雄同株。雄花は長さ5-6㎜。球果は径2-3㎝。写真：右上＝花時、右下＝球果（a）と種（b）、左上＝枝に残る球果、左下＝スギボックリ

スギ

杉・椙／別名イソノキ・マキ
スギ科
Cryptomeria japonica

スギ材の樽に入れ、日本酒は香りづけされる。葉や枝は線香の原料ともなる。多くの花粉を飛ばすことで話題となっているが、50年生の木1本に、約35万個の雄花を付け、1個の雄花から出る花粉の数は、40万個といわれ、日本の森林全体では、天文学的数字に達する。スギの雌花から出される受粉液の有効期限は3時間ほどというから「下手な鉄砲も……」方式。しかし、花粉症の真犯人は排気ガスという説もあり、スギを悪者にせず、「話の種」に使ってほしい。10〜11月頃、直径2㎝ほどのとげとげしたスギボックリができ、1つの隙間から2〜5個の種《たね》がこぼれ落ちる。

◇**分布**　本州〜九州
◇**よく見る場所**　公園
◇**花の時期**　3〜4月
◇**球果の時期**　10月、褐色に熟す

アケボノスギ　落葉高木。高さ25-30m径1-1.5m。葉は対生、長さ0.8-3㎝幅1-2㎜。雌雄同株。雄花は長さ6㎜ほど。球果は径1.5-2.5㎝。写真：右＝樹形、左上＝葉の形、左下＝乾燥した球果

アケボノスギ

曙杉／別名メタセコイア
スギ科
Metasequoia glyptostroboides

6万5千年ほど前の新生代初期から、湿地林を作っていたという。水元公園には、約1900本のこの木がある。林の中を歩くと、まるで原始の森に迷い込んだようだ。一九四三年に、中国長江上流の山奥で発見され、「生きた化石」として話題になった。挿し木で簡単に増やせるので、その後、各地の公園などに移植された。秋、長さ2～2.5㎝ほどのセコイアボックリは、サクランボのように2個ずつ長い柄でぶら下がる。茶色に熟してくると果実に割れ目ができ、一つの隙間からは、5～9個の翼つき種《たね》がこぼれ落ちる。翌春まで枝にしがみついて、少しずつ種《たね》を落とす。

◇**由来**　中国原産
◇**よく見る場所**　公園・庭園・庭
◇**花の時期**　2～3月
◇**球果の時期**　10月、褐色に熟す

ヒノキ　常緑高木。高さ30-40m。葉は長さ3㎜ほど。雌雄同株。雄花は長さ2-3㎜。球果は径8-12㎜。写真：右上＝若い球果、右下＝ヒノキ（右）とサワラ（左）の葉裏、左上＝熟した球果、左下＝アスナロの葉裏

ヒノキ

檜・檜木
ヒノキ科
Chamaecyparis obtusa

ヒノキ材は、まっすぐで強く、しなやかで割りやすい。香りがあり、腐りにくくて長持ちする。世界最古の木造建築である法隆寺も、この材で造られている。サワラもヒノキと同じく材は柔らかいが、香りがなく、お櫃《ひつ》や桶に重宝される。両者とも、10月頃に、サッカーボールを小さくしたような、赤茶色の球果をつける。中からは、両側に狭い翼を持つ種《たね》がこぼれ落ちる。葉の裏の白い線は空気の取り入れ口で、その形はアスナロがW、サワラがX、ヒノキがYの字に見える。アルファベット順に「WXY」と並べ、それぞれの頭文字「アサヒ」とあわせると覚えやすい。

◇**分布**　本州（福島以南）～九州
◇**よく見る場所**　公園・庭園
◇**花の時期**　4月
◇**球果の時期**　10月、赤褐色に熟す

ヒノキの仲間の葉と球果

ヒノキ　写真：左上＝葉表

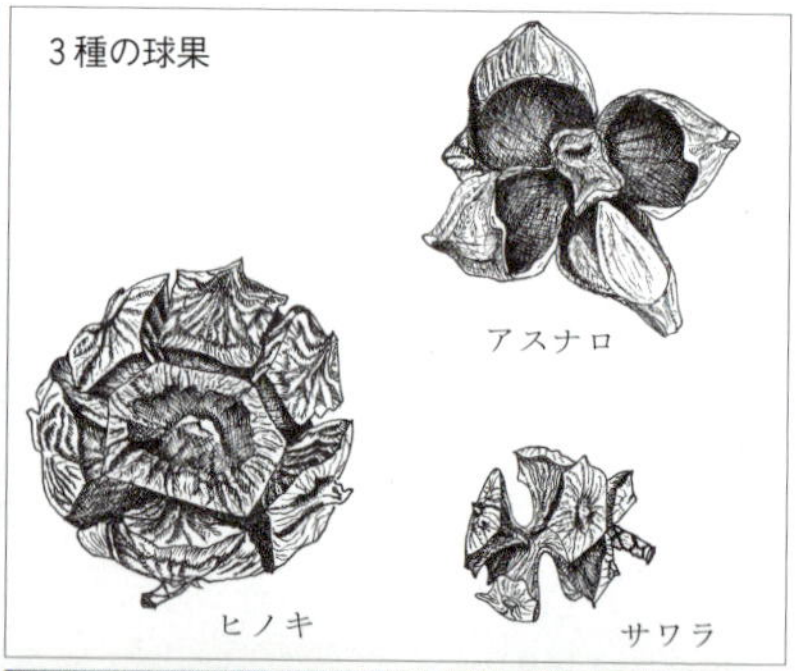

サワラ　常緑高木。高さ30m径0.8-1mほど。葉は十字対生、長さ3㎜ほど。雌雄同株。球果は径5-7㎜。写真：左下＝葉表

アスナロ　常緑低木または高木。高さ1-10m。葉は十字対生、長さ4-5㎜。雌雄同株。雄花は長さ2㎜ほど。球果は径1-2㎝。写真：右上＝葉表

コノテガシワ　常緑低木または高木。高さ1-10m。葉は十字対生、長さ1.5-2㎜。雌雄同株。雄花は長さ2㎜ほど。球果は径1-2.5㎝。写真：右下＝枝ぶり、左下＝球果

イヌマキ　常緑高木。高さ15-20m径50-80㎝。葉は互生、長さ10-20㎝幅7-10㎜。雌雄別株。雄花は長さ3㎝ほど。種は径8-10㎜。写真：種の熟した頃

イヌマキ

犬槇／別名マキ・マキノキ・クサマキ
マキ科
Podocarpus macrophyllus

郷里の房総では、「ホソバ」と呼んで、生垣にこの木を用いている家が多い。潮風に強いからだと聞いた。秋、雌の木にはまるで達磨のような、緑と赤の二色の果実をつける。じつは、白く粉をふいた緑色の部分が果実で、その下の赤いところは花托《かたく》と呼ばれる部分だ。赤く熟した花托は、甘くとろっとしておいしい。また、前年の枝につくので、幼い頃、覗き込むようにして探した。生垣にするとき、稚樹を山に探しに出かけたことを考えると、鳥散布されて発芽する種《たね》だと思われる。鳥に確実に種《たね》を食べさせるため、赤い花托に緑の種《たね》を載せるという位置関係は絶妙だ。

◇**分布**　本州（関東以南）～沖縄、中国、台湾
◇**よく見る場所**　公園・庭園・庭
◇**花の時期**　5～6月
◇**種子の時期**　9～10月、粉青白色に熟す

イチイ　常緑高木。高さ15-20m径1mほど。葉は互生、長さ0.5-2㎝幅2㎜ほど。雌雄別株。種は長さ5㎜ほど。写真：右＝種のついた枝、左上＝植込み

イチイ

一位／別名アララギ・オンコ・スオウノキ
イチイ科
Taxus cuspidata

種《たね》は長さ5㎜ほどの卵球形。花の後、肥大してコップのようになった、仮種皮というものに包まれる。どう見ても果実にしか見えないが、「果実じゃないんだよ」と言わんばかりに、種《たね》を完全には包み込まず、仮種皮のコップから種《たね》が飛び出している状態のものさえある。秋に仮種皮は赤くなり、甘くて食べられるが、種《たね》は有毒。下から見上げると透き通るように美しく赤い仮種皮は、鳥の目によくつき、食欲もそそるのだろう。実際に食べてみたが、とろっとして甘かった。種《たね》が有毒であるのは、鳥が散布した後、ほかの動物に食べられないようにするための防御策か。

◇分布　北海道～九州、アジア東北部～シベリア東部
◇よく見る場所　公園・庭園・庭
◇花の時期　3～5月
◇種子の時期　9～10月、緑色（仮種皮は赤）に熟す

参考図書

『聖書に対する洞察』ものみの塔聖書冊子協会、一九九四年
『食材図鑑』小学館、一九九五年
『食材図鑑Ⅱ』小学館、二〇〇一年
林弥栄・古里和夫監修『原色世界植物大圖鑑』北隆館、一九八六年
勝田柾・森徳典・横山敏孝著『日本の樹木種子』林木育種協会、一九九八年
田中肇著『花に秘められたなぞを解くために　花生態学入門』農村文化社、一九九三年
デービッド・アッテンボロー著・門田裕一訳『植物の私生活』山と渓谷社、一九九八年
上原敬二著『樹木　ガイド・ブック』鹿島書店、一九九三年
斉藤新一郎著『木と動物の森づくり　樹木の種子散布作戦』八坂書房、二〇〇〇年
沼田真著『種子の科学』研成社、一九八一年
中西弘樹著『種子はひろがる　種子散布の生態学』平凡社、一九九四年
清水矩宏・森田弘彦・廣田伸七編著『日本帰化植物写真図鑑』全国農村教育協会、二〇〇一年
H＆A・モルデンケ著・奥本裕昭著『聖書の植物』八坂書房、一九九一年
清水建美著『図説　植物用語辞典』八坂書房、二〇〇一年
平野隆久写真『山渓ハンディ図鑑1　野に咲く花』山と渓谷社、一九八九年
永田芳男写真『山渓ハンディ図鑑2　山に咲く花』山と渓谷社、一九九六年
茂木透写真『山渓ハンディ図鑑3　樹に咲く花　離弁花1』山と渓谷社、二〇〇〇年
茂木透写真『山渓ハンディ図鑑4　樹に咲く花　離弁花2』山と渓谷社、二〇〇〇年
茂木透写真『山渓ハンディ図鑑5　樹に咲く花　合弁花・単子葉・裸子植物』山と渓谷社、二〇〇一年
石川茂雄著『原色日本植物種子写真図鑑』石川茂雄図鑑刊行委員会、一九九四年
深津正著『植物和名の語源』八坂書房、一九八九年

和名索引

【ア　行】
アイスランドポピー　31
アウチ　152
アオキ　127
アオギリ　77
アオツヅラフジ　27
アカガチ　168
アカシデ　57
アカスグリ　97
アガパンサス　215
アカマツ　225
アカメガシワ　134
アカメギリ　134
アキニレ　35
アケビ　26
アケボノスギ　228
アサガオ　173
アスナロ　230
アーティチョーク　195
アフリカホウセンカ　159
アベリア　189
アミノキ　152
アメリカセンダングサ　191
アメリカネリ　80
アメリカフウ　34
アメリカフウロ　158
アメリカヤマゴボウ　59
アメリカヤマボウシ　126
アヤメ　219
アラカシ　53
アラノキ　152
アラビアコーヒー　185
アララギ　232
アレチウリ　85
アレチギシギシ　67
アンズ　102
イイギリ　82
イカダカズラ　61
イギリ　82
イシゲヤキ　35
イシミカワ　69
イソノキ　227
イタジイ　54
イタドリ　70
イタビ　39
イタブ　39
イタヤカエデ　147
イチイ　232
イチゴ　103
イチジク　39
イチョウ　224
イヌアカシア　115
イヌグス　16
イヌシデ　56
イヌタラヨウ　188
イヌツゲ　133
イヌビワ　39
イヌホオズキ　169
イヌマキ　231
イノコズチ　63
イロハカエデ　146
イロハモミジ　146
イワイズル　64
インパチエンス　159
ウバシバ　48
ウバメガシ　48
ウバユリ　215
ウマゴヤシ　117
ウマブドウ　139
ウマメガシ　48
ウメ　101
ウメモドキ　132
ウラシマソウ　200, 201
ウンシュウミカン　155
エイザンユリ　214
エゴノキ　95
エノコグサ　207
エノコログサ　207

エビヅル　141
エビネ　221
エンジュ　114
オウチ　152
オオアラセイトウ　92
オオイタヤメイゲツ　147
オオイヌノフグリ　180
オオオナモミ　193
オオカミグサ　32
オオシマザクラ　99
オオバギボウシ　215
オオバコ　177
オオバヂシャ　95
オオブタクサ　190
オオホオズキ　169
オオモミジ　147
オカレンコン　80
オギ　208
オキナグサ　23
オクラ　80
オシロイソウ　60
オシロイバナ　60
オダマキ　23
オニグルミ　42
オニゲシ　31
オニナスビ　167
オニノゲシ　198
オニマタタビ　75
オバナ　208
オマツ　225
オムク　37
オモト　217
オヤマノサンショウ　106
オランダイチゴ　103
オリーブ　178
オンコ　232
オンバク　177
オンバコ　177

【カ　行】

カエデバスズカケノキ　33
ガガイモ　166
カガチ　168
カガミ　166
カガミグサ　166
カキ　93
カキノキ　93
カクレミノ　160
カザグルマ　20
カシュウ　70
カシワ　50
カシワギ　50
カスミノキ　148
カタバミ　156
カツノキ　149
カナムグラ　40
カボチャ　89
ガマ　211
カミエビ　27
カヤ　208
カラウメ　14
カラスウリ　86
カラスノエンドウ　118
カラスムギ　204
カラタネオガタマ　12
カラハナソウ　41
カラモモ　102
カリステモン　123
カワラケヤキ　35
カワラフジ　110
カントウナツグミ　120
キーウィ　75
キカラスウリ　86
キササゲ　182
ギシギシ　67
キタズ　187
キツネアザミ　196
キツネノマクラ　86
キハチス　79
キフジ　114
キミノセンリョウ　17
キョウチクトウ　162
キリ　181
ギンナンノキ　224
ギンマメ　111
クサギ　175
クサノオウ　29
クサマキ　231
クス　15
クズ　113
クズカズラ　113
クスノキ　15

クチナシ　184
クヌギ　49
クマシデ　57
クリ　44
クルミ　42
クレマチス　20
クロガネモチ　133
クロタネソウ　22
クロマツ　225
クワ　38
クワモドキ　190
ケシアザミ　198
ケムリノキ　148
ケヤキ　36
ゲンノショウコ　158
ケンポナシ　137
コウベナズナ　91
コーヒーノキ　185
ゴサイバ　134
コセンダングサ　191
コナラ　51
コノテガシワ　230
コハウチワカエデ　147
コバンソウ　203
コヒルガオ　173
コブシ　10
コブシハジカミ 10
コミカンソウ　136
コムラサキシキブ　174
コモウツギ　187

【サ　行】

サイカイシ　110
サイカチ　110
サイタズマ　70
サオトメバナ　186
ザクロ　124
ササガシ　52
ササヤキグサ　32
ザトウエビ　139
サナカズラ　18
サネカズラ　18
サルスベリ　121
サルナメリ　121
サワラ　230
サンガイグサ　176
サンゴジュ　188
サンザシ　105
サンジソウ　66
サンショウ　153
シイ　54
ジガイモ　166
四季咲きベゴニア　90
シキンサイ　92
シナエンジュ　114
シナサルナシ　75
ジネンジョ　220
シマグワ　38
シマタラヨウ　188
ジャガイモ　171
シャクチリソバ　71
シャクヤク　74
シャクロ　124
ジャノヒゲ　213
シャリンバイ　108
ジュズダマ　210
シュロ　222
ショウキズイセン　219
ショカツサイ　92
シラカシ　52
シラミコロシ　129
シラン　221
シロガネヨシ　205
シロシデ　56
シロミノナンテン　24
シロヤマブキ　104
シンジュ　151
スイカ　89
スイモノグサ　156
スオウノキ　232
スカンポ　70
スギ　227
スグサ　156
ススキ　208
スズメムギ　204
スダジイ　54
スベリヒユ　64
スモークツリー　148
セイタカアキノキリンソウ　194
セイタカアワダチソウ　194
セイタカタウコギ　191
セイヨウカラハナソウ　41

セイヨウスグリ　97
セイヨウタンポポ　199
セイヨウヒイラギ　133
セキリュウ　124
ゼニアオイ　78
ゼラニウム　157
センダン　152
センダングサ　191
センダンバノボダイジュ　143
センニンソウ　21
センリョウ　17
ソシンロウバイ　14
ソテツ　223
ソネ　56
ソバ　71
ソヨゴ　133
ソロ　56

【タ　行】

タイサンボク　11
タイワンバナナ　212
タカオカエデ　146
タケニグサ　32
タジイ　70
タズノキ　187
ダッタンソバ　71
タブノキ　16
タマズサ　86
タマズシ　210
タマツバキ　179
タムシグサ　29
タラヨウ　132
タワラムギ　203
チカラシバ　206
チシャノキ　95
チチノキ　224
チヂミザサ　209
チャノキ　73
チャヒキグサ　204
チャンパギク　32
チューリップ　216
チューリップツリー　13
チョウジカズラ　163
チョウセンアサガオ　170
チョウセンアザミ　195
ツキ　36
ツシダマ　210
ツタ　141
ツバキ　72
ツブ　144
ツマナシグサ　19
ツメキリソウ　65
ツルウメモドキ　131
ツルドクダミ　70
ツルレイシ　87
テイカカズラ　163
テラツバキ　179
テングノハウチワ　161
テンジクアオイ　157
トウオガタマ　12
トウカエデ　147
トウガキ　39
トウグワ　38
トウセンダン　82
トウナンテン　25
トウネズミモチ　179
トウハゼ　135
トウムギ　210
トウヨウサンゴ　127
トウワタ　164
トキワアケビ　26
トケイソウ　84
トチ　145
トチノキ　145
トビラギ　96
トビラノキ　96
トベラ　96
トマト　171
トロロアオイ　80
トンボソウ　64

【ナ　行】

ナガジイ　54
ナガミヒナゲシ　30
ナシ　109
ナス　171
ナズナ　91
ナツカン　154
ナツグミ　120
ナツダイダイ　154
ナツツバキ　73
ナツミカン　154

ナツメ　138
ナナカマド　106
ナラバガシ　53
ナンキンハゼ　135
ナンキンマメ　111
ナンテン　24
ナンテンギリ　82
ニガウリ　87
ニゲラ　22
ニシキギ　129
ニセアカシア　115
ニホングリ　44
ニレ　35
ニワウルシ　151
ニワトコ　187
ヌカズサ　168
ヌスビトハギ　112
ヌルデ　149
ネコジャラシ　207
ネズミモチ　179
ネムノキ　119
ノイバラ　105
ノウショウ　183
ノウゼン　183
ノウゼンカズラ　183
ノエンドウ　118
ノゲシ　198
ノダフジ　116
ノハラナスビ　167
ノブドウ　139

【ハ　行】

ハウチワカエデ　147
ハクウンボク　95
ハグマノキ　148
ハジカミ　153
ハス　19
ハズミダマ　213
ハゼ　150
ハゼノキ　150
ハゼラン　66
ハチス　19, 79
ハトムギ　210
ハナギリ　181
ハナズオウ　119
ハナダイコン　92
ハナツクバネウツギ　189
バナナ　212
ハナミズキ　126
ハハソ　51
ハマオモト　218
ハマナス　105
ハマヒルガオ　172
ハマモッコク　108
ハマユウ　218
ハリエンジュ　115
ハルニレ　35
ハルノノゲシ　198
ハンテンボク　13
ハンノキ　58
パンパスグラス　205
ヒイラギナンテン　25
ヒオウギ　219
ヒカゲイノコズチ　63
ヒサカキ　73
ヒデリソウ　65
ヒトハグサ　181
ヒトハグワ　181
ヒナゲシ　31
ヒナタイノコズチ　63
ビナンカズラ　18
ヒノキ　229
ヒノキバヤドリギ　128
ヒマラヤシーダ　226
ヒマラヤスギ　226
ヒマワリ　192
ピーマン　171
ヒメオドリコソウ　176
ヒャクジッコウ　121
ヒョウソカズラ　186
ヒョウタン　88
ヒヨドリジョウゴ　169
ヒルガオ　173
ビワ　107
ビンボウカズラ　140
フウ　34
フウセンカズラ　142
フウセントウワタ　165
フウロソウ　158
ブーゲンビレア　61
フサスグリ　97
フジ　116

フシノキ　149
フヨウ　79
ブンタン　155
ヘイザンソウ　194
ヘクソカズラ　186
ヘチマ　89
ペンペングサ　91
ホウセンカ　159
ホウライジユリ　214
ホオズキ　168
ホオノキ　11
ボケ　109
ホソバガシ　52
ボダイジュ　76
ボタン　74
ホップ　41
ホトケノザ　176
ホホソ　51
ホロロイシ　39

【マ　行】

マキ　227, 231
マキノキ　231
マキバブラッシノキ　123
マクズ　113
マグワ　38
マゴヤシ　117
マサキ　130
マサキカズラ　163
マタジイ　55
マツバボタン　65
マテガシ　55
マテバガシ　55
マテバシイ　55
マメグンバイナズナ　91
マユミ　130
マルコバ　177
マルスグリ　97
マンリョウ　17, 94
ミコシグサ　158
ミズヒキ　68
ミズヒキグサ　68
ミゾブタ　160
ミチシバ　206
ミツデ　160
ミツナガシワ　160
ミネバリ　58
ミミガタテンナンショウ　201
ムク　37, 144
ムクエノキ　37
ムクノキ　37
ムクロジ　144
ムスビジョウ　86
ムベ　26
ムラサキケマン　28
ムラサキシキブ　174
メタセコイア　228
メマツ　225
メマツヨイグサ　125
メロン　89
モクゲンジ　143
モチガシワ　50
モチノキ　132
モッコク　73
モミジバスズカケノキ　33
モミジバフウ　34
モモ　100

【ヤ　行】

ヤイトバナ　186
ヤシャブシ　58
ヤツデ　161
ヤツデノキ　161
ヤドリギ　128
ヤハズエンドウ　118
ヤハズニシキギ　129
ヤブガラシ　140
ヤブケマン　28
ヤブサンゴ　188
ヤブタビラコ　197
ヤブツバキ　72
ヤブマメ　111
ヤブミョウガ　202
ヤブラン　213
ヤマアララギ　10
ヤマイモ　220
ヤマグルミ　42
ヤマグワ　38, 126
ヤマシャクヤク　74
ヤマツバキ　72
ヤマノイモ　220
ヤマブキ　104

ヤマボウシ　126
ヤマモモ　43
ヤマユリ　214
ユーカリ　122
ユーカリノキ　122
ユウゲショウ　60
ユリノキ　13
ヨウシュチョウセンアサガオ　170
ヨウシュヤマゴボウ　59
ヨジソウ　66
ヨシノユリ　214

【ラ 行・ワ 行】

ラッカセイ　111
リュウキュウハゼ　135, 150
リュウノヒゲ　213
リンゴ　109
レモン　155
レンゲ　19
レンゲショウマ　23
ロウノキ　150
ロウバイ　14
ロクロギ　95
ワジュロ　222
ワタ　81
ワルナスビ　167

学名索引

Abelia × grandiflora 189
Abelmoschus esculentus 80
Abelmoschus manihot 80
Acer palmatum 146
Achyranthes bidentata var. *tomentosa* 63
Actinidia chinensis 75
Aesculus turbinata 145
Ailanthus altissima 151
Akebia quinata 26
Alnus firma 58
Alnus japonica 58
Ambrosia trifida 190
Ampelopsis brevipedunculata var. *heterophylla* 139
Amphicarpaea bracteata ssp. *edgeworthii* var. *japonica* 111
Antenoron filiforme 68
Aphananthe aspera 37
Arachis hypogaea 111
Ardisia crenata 94
Arisaema thunbergii ssp. *urashima* 200
Asclepias curassavica 164
Aucuba japonica 127
Avena fatua 204
Begonia × semperflorens-cultorum 90
Benthamidia florida 126
Benthamidia japonica 126
Bidens frondosa 191
Bougainvillea 61
Briza maxima 203
Callicarpa japonica 174
Callistemon rigidus 123
Calystegia soldanella 172
Camellia japonica 72
Campsis glandiflora 183
Capsella bursa-pastoris 91
Cardiospermum halicacabum 142
Carpinus tschonoskii 56
Castanea crenata 44
Castanopsis sieboldii 54
Catalpa ovata 182
Cayratia japonica 140
Cedrus deodara 226
Celastrus orbiculatus 131
Chamaecyparis obtusa 229
Chelidonium majus var. *asiaticum* 29
Chimonanthus praecox 14
Cinnamomum camphora 15
Citrus natsudaidai 154
Clematis 20
Clematis terniflora 21
Clerodendrum trichotomum 175
Cocculus trilobus 27
Coffea arabica 185
Coix lacryma-jobi 210
Cortaderia selloana 205
Corydalis incisa 28
Cotinus coggygria 148
Crinum asiaticum var. *japonicum* 218
Cryptomeria japonica 227
Cycas revoluta 223
Cynara scolymus 195
Datura stramonium 170
Dendropanax trifidus 160
Desmodium podocarpum ssp. *oxyphyllum* 112
Dioscorea japonica 220
Diospyros kaki 93
Elaeagnus multiflora 120
Eriobotrya japonica 107
Eucalyptus 122
Euonymus alatus 129
Fagopyrum esculentum 71
Fallopia multiflora 70
Fatsia japonica 161
Ficus carica 39
Ficus erecta 39
Firmiana simplex 77
Fragaria × ananassa 103

Gardenia jasminoides 184
Geranium 157
Geranium carolinianum 158
Geranium nepalense ssp. *thunbergii* 158
Ginkgo biloba 224
Gleditsia japonica 110
Gomphocarpus fruticosus 165
Gossypium 81
Helianthus annuus 192
Hemistepta lyrata 196
Hibiscus mutabilis 79
Hovenia dulcis 137
Humulus japonicus 40
Humulus lupulus 41
Humulus lupulus var. *cordifolius* 41
Idesia polycarpa 82
Impatiens 159
Impatiens balsamina 159
Juglans mandshurica var. *sachalinensis* 42
Kadsura japonica 18
Koelreuteria paniculata 143
Korthalsella japonica 128
Lagenaria siceraria var. *gourda* 88
Lagerstroemia indica 121
Lamiun amplexicaule 176
Lamiun purpureum 176
Lapsana humilis 197
Lepidium virginicum 91
Ligustrum japonicum 179
Ligustrum lucidum 179
Lilium auratum 214
Liquidambar stylaciflua 34
Liriodendron tulipifera 13
Liriope platyphyyla 213
Lithocarpus edulis 55
Machilus thunbergii 16
Macleaya cordata 32
Magnoria praecocissima 10
Mahonia japonica 25
Mallotus japonicus 134
Malva sylvestris var. *mauritiana* 78
Medicago polymorphya 117
Melia azedarach var. *subtripinnata* 152
Metaplexis japonica 166
Metasequoia glyptostroboides 228
Michelia figo 12
Mirabilis jalapa 60
Miscanthus sacchariflorus 208
Miscanthus sinensis 208
Momordica charantia 87
Morus alba 38
Morus australis 38
Mussa acuminata 212
Myrica rubra 43
Nandina domestica 24
Nelumbo nucifera 19
Nerium indicum 162
Nigella damascena 22
Oenothera biennis 125
Olea europaea 178
Ophiopogon japonicus 213
Oplismenus undulatifolius 209
Orychophragmus violaceus 92
Oxalis corniculata 156
Paederia scandens 186
Papaver dubium 30
Passiflora caerulea 84
Paulownia tomentosa 181
Pelargonium × hortorum 157
Pennisetum alopecuroides 206
Persicaria perfoliata 69
Phyllanthus urinaria 136
Physalis alkekengi var. *franchetii* 168
Phytolacca americana 59
Pinus densiflora 225
Pinus thunbergii 225
Pittosporum tobira 96
Plantago asiatica 177
Platanus × acerifolia 33
Podocarpus macrophyllus 231
Pollia japonica 202
Portulaca grandiflora 65
Portulaca oleracea 64
Prunus armeniaca 102
Prunus mume 101
Prunus persica 100
Prunus speciosa 99
Pueraria lobata 113
Punica granatum 124
Quercus acutissima 49
Quercus dentata 50
Quercus glauca 53

Quercus myrsinaefolia 52
Quercus phillyraeoides 48
Quercus serrata 51
Reynoutria japonica 70
Rhaphiolepis indica var. *umbellata* 108
Rhus javanica var. *roxburghii* 149
Rhus succedanea 150
Ribes rubrum 97
Ribes uva-crispa 97
Robinia pseudoacacia 115
Rohdea japonica 217
Rumex japonicum 67
Sambucus racemosa ssp. *sieboldiana* 187
Sapindus mukorossi 144
Sapium sebiferum 135
Sarcandra glabra 17
Setaria viridis 207
Sicyos angulatus 85
Solanum carolinense 167
Solidago altissima 194
Sonchus asper 198
Sonchus oleraceus 198
Sophora japonica 114
Sorbus commixta 106
Stauntonia hexaphylla 26
Styrax japonica 95
Styrax obassia 95
Talinum triangulare 66
Taraxacum officinale 199
Taxus cuspidata 232
Thypha latifolia 211
Tilia miqueliana 76
Trachelospermum asiaticum 163
Trachycarpus fortunei 222
Trichosanthes cucumeroides 86
Trichosanthes kirilowii var. *japonica* 86
Tulipa 216
Ulmus davidiana var. *japonica* 35
Ulmus parvifolia 35
Veronica persica 180
Viburnum odoratissimum var. *awabuki* 188
Vicia angustifolia 118
Wisteria floribunda 116
Xanthium occidentale 193
Zanthoxylum piperitum 153
Zelkova serrata 36
Zizyphus jujuba 138

著者紹介

石井桃子（いしい・ももこ）

1958年、千葉県館山市生まれ。

現在、千葉県森林審議会委員、 NACS-J・自然観察指導員、浦安市環境専門委員、朝日カルチャーセンター講師などを務める。

森林インストラクター。

創造教室「木林森（きりもり）」主催。

植物の種を「話のタネ」に楽しく熱く興味深く、自然を解説する。

【著書】『「話の種」になる種子（タネ）の話』ごま書房、2002年

都会の木の実・草の実図鑑

2006年 9月25日　初版第1刷発行

著　　者　石　井　桃　子
発 行 者　八　坂　立　人
印刷・製本　モリモト印刷（株）

発 行 所　（株）八　坂　書　房
〒101-0064 東京都千代田区猿楽町1-4-11
TEL.03-3293-7975　FAX.03-3293-7977
郵便振替口座　00150-8-33915
http://www.yasakashobo.co.jp
E-mail info@yasakashobo.co.jp

ISBN 4-89694-879-3

◆関連書籍のご案内

都会の木の花図鑑

石井誠治著

自然教室や講演で活躍する樹木の専門家がおくる樹木図鑑。街路や公園、庭先や生垣で見かける樹木二五〇種あまりを収録。名前の由来やおもしろい性質、ちょっと便利な利用法や手入れ法など、知って得する情報満載。身近な樹木図鑑の決定版！

四六・２０００円

＊価格は税別価格

◆関連書籍のご案内

秋山久美子著

都会の草花図鑑

自然教室で活躍する草花の専門家がおくる草花図鑑。公園や空き地、庭先や広場などで見かける身近な草花三〇〇種あまりを収録。名前の由来や原産地、おもしろい性質や薬効、ちょっと便利な利用法など、知って得する情報満載。都会の草花図鑑の決定版！

四六・2000円

＊価格は税別価格

◆関連書籍のご案内

森のきのこたち
—種類と生態

柴田 尚著　Ａ5　2000円

富士山、八ヶ岳など亜高山帯にある森林を中心に、そこに生きるきのこをカラーで紹介する。分布、発生地、発生季節、特徴などを解説するとともに、なぜそこにきのこが生えているのか、樹木の種類によって生えるきのこが違う理由、きのこによってわかる森の生態や性格などを詳説。

都会のキノコ
—身近な公園キノコウォッチングのすすめ

大舘一夫著　四六　1800円

公園の芝生や植え込み、街路樹や住宅地の斜面、川原の土手などなど、わずかに残された自然空間にしたたかに生きるきのこ達の姿を紹介し、街に居ながらにして、きのこを楽しむ方法を伝授する、意外な発見満載本。都会のキノコ一〇〇選をカラーで収録。

きのこ博物館

根田 仁著　四六　2000円

シイタケ、シメジ、マツタケ、ヒラタケ、マンネンタケ、サルノコシカケ、ツキヨタケなど、食用・薬用から毒きのこまでを多数取り上げ、名前の由来や利用の仕方、故事来歴などなどを幅広く紹介。身近なきのこと人の関わりを語り尽くす。

＊価格は税別価格